EGON GERSBACH
AUSGRABUNG HEUTE

DIE ARCHÄOLOGIE

Einführungen

WISSENSCHAFTLICHE BUCHGESELLSCHAFT
DARMSTADT

EGON GERSBACH

AUSGRABUNG HEUTE

Methoden und Techniken der Feldgrabung

Mit einem Beitrag von
JOACHIM HAHN

WISSENSCHAFTLICHE BUCHGESELLSCHAFT
DARMSTADT

Einbandgestaltung: Studio Franz & McBeath, Stuttgart.

1. Auflage 1989

Die Deutsche Bibliothek – CIP-Einheitsaufnahme

Gersbach, Egon:
Ausgrabung heute: Methoden und Techniken der
Feldgrabung / Egon Gersbach. Mit einem Beitr. von
Joachim Hahn. – 2., unveränd. Aufl. – Darmstadt:
Wiss. Buchges., 1991
(Die Archäologie)
ISBN 3-534-08329-6

Bestellnummer 08329-6

2., unveränderte Auflage 1991
© 1989 by Wissenschaftliche Buchgesellschaft, Darmstadt
Gedruckt auf säurefreiem und alterungsbeständigem Samtoffsetpapier
Satz: Setzerei Gutowski, Weiterstadt
Druck und Einband: Wissenschaftliche Buchgesellschaft, Darmstadt
Printed in Germany
Schrift: Linotype Garamond, 10/11

ISSN 0724-5017
ISBN 3-534-08329-6

INHALT

1. EINLEITUNG

Wie alle wissenschaftlichen Disziplinen befindet sich auch das Ausgrabungswesen in einer fortwährenden Entwicklung. Deshalb muß jeder Ausgräber danach streben, auf dem laufenden zu bleiben und sich nach Informationsquellen umzusehen. Im deutschen Sprachraum stehen ihm, im Gegensatz zum angelsächsischen, vergleichsweise wenige zusammenfassende Darstellungen der modernen Ausgrabungsmethodik und -technik und Abhandlungen zu speziellen Problemen zur Verfügung. Diesen Mangel abbauen zu helfen ist Ziel dieses Buches. Damit sind die Überlegungen zu seiner Gestaltung angesprochen. Das Buch soll gewissermaßen ein Leitfaden für die Feldarbeit sein, der angehende Ausgräber und interessierte Leser mit den wichtigsten Grundsätzen und Praktiken der Feldarbeit vertraut macht. Es soll ihnen die Grundlage bieten, auf der sie aufbauen und nach eigenen organisatorischen und technischen Erfahrungen traditionelle Methoden verbessern und neue entwickeln können.

Im Rahmen einer solchen Zusammenfassung die gesamte Vielfalt der Ausgrabungsmethoden und -techniken einheitlich und differenziert darzustellen ist kaum möglich. Die Autoren beschränken sich daher auf die Beschreibung der ihnen für die Feldarbeit am wichtigsten erscheinenden herkömmlichen und neuen Methoden und den zu ihrer Anwendung benutzten Techniken. Aus diesem Grunde wurde auf die Darstellung der Arbeitsweise der Mittelalter-Archäologie und der Unterwasser-(Tauch-)Archäologie mit ihren teilweise hochspezialisierten Techniken und der hierfür erforderlichen aufwendigen apparativen Ausstattung verzichtet. Die von diesen Teildisziplinen der Archäologie praktizierten Ausgrabungsmethoden und -techniken sind trotz aller Unterschiede im Detail den im Rahmen dieses Buches beschriebenen prinzipiell gleich.

Unter den hier ausführlich dargestellten traditionellen und modernen Verfahren der Befundaufnahme fehlt einzig die Fotogrammetrie. (G. Eckstein, Photogrammetrische Vermessungen bei archäologischen Ausgrabungen. Denkmalpflege in Baden-Württemberg Jg. 11, 2, 1982, 60 ff. – F. J. Much, Photogrammetrie im Landesdenkmalamt, Ebenda 5, 2, 1976, 58 f.) Das hat mehrere Gründe. Zum einen setzt die Fotogrammetrie komplizierte und teure, sorgfältig aufeinander abgestimmte Geräte voraus, die nur von Spezialisten für einen bestimmten Anwendungsbereich – Bauwerke, steingerechte Aufnahmen von ausgedehntem Mauerwerk, Pfahlfelder, Bestattungen – sinnvoll eingesetzt werden können. Und zum andern erlaubt dieses Aufmeßverfahren, im Gegensatz zu den hier beschriebenen, nicht den für den Arbeitsablauf erforderlichen sofortigen Zugriff zum Planmaterial und dessen unmittelbare Kontrolle vor Ort. (Bei der Ausgrabung der Ufersiedlungen von Twann [Kt. Bern/Schweiz] konnten nach A.R. Furger die „fotogrammetrischen Bilder sofort ausgewertet und zwei Tage später auf der Grabung verifiziert werden". A.R. Furger, A. Orcel, W.E. Stöckli, P.J. Suter, Vorbericht. Die neolithischen Ufersiedlungen von Twann 1 [1977] 72.) Ein gravierender Nachteil bei einer nach ökonomischen Grundsätzen konzipierten und durchgeführten Schichtengrabung. Denn bei dieser Grabungsmethode müssen die Schichten, anders als bei Mauerwerk, sofort nach der Dokumentation abgetragen werden, um Verzögerungen des Arbeitsablaufs zu vermeiden. Hier bietet die polare Aufmessung mit einem Feldzeichengerät bei übereinstimmender Meßgenauigkeit eine echte Alternative zur Fotogrammetrie.

Ebenso breiter Raum wie den standardisierten Hand- und maschinellen Meß- und Zeichenverfahren ist der Technik der Schichtabtragung eingeräumt. Das Problem der Wertigkeit der auf und aus den Schichten geborgenen Kleinfunde für die Stratigraphie wird angesprochen, die Bergung und vorsorgliche Konservierung zerbrechlicher Fundstücke, soweit sie auf dem Grabungsplatz durchzuführen ist, in knappen Zügen dargestellt. Ein weiteres Kapitel ist der Untersuchung von Grabhügeln und der Freilegung von Gräbern und ihrer Dokumentation gewidmet. Und immer wieder wird auf Maßnahmen zur Vereinheitlichung und Normierung der Grabungsdokumentation hingewiesen und ihre Notwendigkeit für eine effiziente wissenschaftliche Auswertung diskutiert. Dazu bedarf es bestimmter Richtlinien, deren Einhaltung der Grabungsleiter zu überwachen hat. Keine Auswertung kann besser sein als die Dokumentation der Befunde, eine Binsenwahrheit. Deshalb kann nur die völlige Beherrschung der Ausgrabungsmethode und der zu ihrer Durchführung angewandten Technik und die Lösung des gerade erörterten Qualitätsproblems eine optimale Auswertung ermöglichen. Eigentlich überflüssig zu erwähnen, daß bei der Dokumentation der Befunde zwischen belegbaren Fakten und subjektiver Interpretation klar zu trennen ist. Es wäre wenig hilfreich, so zu tun, als gäbe es diese zentralen Probleme der Feldforschung nicht. Nur durch eine fortwährende Auseinandersetzung mit diesen Problemen wird es gelingen, die Methoden von heute zu verbessern und dadurch zu neuen, umfassenderen Einsichten zu gelangen.

Die Vielseitigkeit des Ausgrabungswesens macht es notwendig, daß der Ausgräber über ein breites Wissen in den naturwissenschaftlichen Methoden verfügt. Es verlangt eine enge Zusammenarbeit mit Wissenschaftlern verschiedener Fachrichtungen, wodurch sich ihm neue archäologische Perspektiven eröffnen. Diese werden, soweit sie die Feldarbeit direkt tangieren, im gegebenen Rahmen behandelt. Der Leser, der darüber hinaus an den in der Archäometrie einsetzbaren Methoden interessiert ist, wird auf das Literaturverzeichnis verwiesen, das eine Auswahl wichtiger, zusammenfassender Arbeiten zu diesem Thema verzeichnet.

2. ZUR ORGANISATION EINER GRABUNG

Jede Grabung und im besonderen eine größere erfordert eine gewissenhafte Planung. Diese wird im wesentlichen von drei Faktoren bestimmt: der wissenschaftlichen Zielsetzung, der Finanzierung und den topographischen Gegebenheiten des Grabungsplatzes. Häufig wird die Planung zudem divergierenden Interessen Rechnung tragen und das wissenschaftlich Wünschbare mit den vorgegebenen Fakten, insbesondere dem zeitlichen Rahmen, in Einklang bringen müssen. Auf diesem Hintergrund ist für jede Grabung ein eigenes, häufig von der Person des Ausgräbers geprägtes Konzept mit speziellen Strukturen zu entwickeln. Diese Vielschichtigkeit macht es besonders schwierig, eine zusammenfassende Gesamtdarstellung der Organisationsformen zu geben. Sie macht Vereinfachungen und eine Beschränkung auf das Wesentliche notwendig. Wir versuchen daher beispielhaft, die Vielgestaltigkeit der Grabungsorganisation zu verdeutlichen und über wichtige Sachverhalte in gedrängter Form zu informieren.

Die Planung einer Ausgrabung in einer Höhle erfolgt in der Regel mit der gleichen Zielsetzung, aber anderer Fragestellung wie jene einer Siedlungsgrabung im offenen Gelände (s. Beitrag Hahn, 9, unten S. 131). Zudem ist in der Beengtheit einer Höhle die bei Flächengrabungen im allgemeinen übliche Gruppenarbeit aus einsichtigen Gründen nicht praktikabel. Vielmehr muß individuell in einem kleinen Bereich mit entsprechend feinem Gerät gearbeitet werden. Das aber erfordert zwangsläufig eine andere Arbeitsmethode und, dadurch bedingt, eine vergleichsweise große Zahl an erfahrenen und technisch gleichermaßen versierten Mitarbeitern, um alle anfallenden Arbeiten einschließlich der Dokumentation der Befunde mit dem gleichen Standard zu bewältigen. Ein Hauptproblem indes nicht nur für die Leitung von Höhlengrabungen, sondern nicht weniger von Unterwasser-(Tauch-)Grabungen und Feuchtboden-Grabungen; letztere sind zumeist nur unter Einsatz aufwendiger technischer Hilfsmittel (Taucherausrüstungen, Spundwände, Fotogrammetrie) durchführbar. Läßt sich das Problem nicht zufriedenstellend lösen, kann dies ernsthafte Schwierigkeiten für die wissenschaftliche Auswertung der Dokumentation heraufbeschwören, an die selbstredend ein anderer Maßstab anzulegen ist als bei einer Notgrabung.

Aber auch Flächengrabungen vergleichbarer Größenordnung und prinzipiell gleicher wissenschaftlicher Zielsetzung können ganz unterschiedliche organisatorische Strukturen aufweisen. Das hängt wesentlich von den zur Anwendung kommenden Arbeitsmethoden und besonderen Bedürfnissen ab. Beispielsweise erfordert eine Grabung, auf welcher nach einem der herkömmlichen Verfahren gemessen und gezeichnet wird, mehr technisches Personal als eine Grabung, auf welcher das rationellere polare Aufnahmeverfahren seinen Einzug gehalten hat. Und eine Grabung im Nahen Osten wiederum wird in aller Regel personell anders und stärker besetzt sein als eine Grabung in Mitteleuropa. Zum einen, weil die Kleinfunde fast ausnahmslos im Land verbleiben und daher während der laufenden Grabung umfassend dokumentiert werden müssen, was nur mit einer dem Fundanfall gemäßen Zahl von Zeichnern und Fotografen zu bewältigen ist. Zum andern wird zumeist auf mehreren getrennt liegenden Grabungsflächen gleichzeitig gegraben. Dies wiederum bedingt außer technischem Personal auch erfahrene Aufsichtspersonen. Diese leiten in ihrem Arbeitsbereich alle Grabungsarbeiten, überwachen die sachgerechte Befund- und Fundaufnahme und führen das Feldtagebuch.

Voraussetzung für eine effiziente Arbeit auf mehreren Flächen ist, daß das technische Personal (Zeichen- und Nivellierteam, Kolorist[en]) über den gleichen Ausbildungsstand und die Aufsichtspersonen über annähernd die gleiche Erfahrung wie der Grabungsleiter verfügen. Sonst könnte dies qualitative Unterschiede von Grabungsfläche zu Grabungsfläche zur Folge haben. Dadurch würde nicht nur der Standard einer Grabung beeinträchtigt, dies könnte auch die wissenschaftliche Auswertung gefährden. Vor allem gilt dies für Langzeitgrabungen, wo eine einheitliche Dokumentation von Befunden und Funden die Grundlage für eine optimale Auswertung bildet.

Diesem Problem wird leider nicht immer die ihm tatsächlich zukommende Bedeutung beigemessen. Doch lassen sich schon durch eine vorsorgliche Ausbildung des fraglichen Personals bestmögliche Voraussetzungen für eine gleichbleibende Qualität und Einheitlichkeit der Dokumentation schaffen. Ebenso könnte die Einschränkung des Personalwechsels, der bei längerfristig angelegten Grabungen unvermeidbar ist, zur Bewältigung dieses Problems beitragen. Und schließlich bilden Richtlinien zur Durchführung der technischen Arbeiten, deren strikte Einhaltung vom Grabungsleiter zu überprüfen ist, eine weitere erprobte und bewährte Maßnahme, die dargelegten Schwierigkeiten in den Griff zu bekommen. Allerdings darf diese organisatorisch-technische Rahmenordnung nicht zu einer Einschränkung der Anpassungsfähigkeit gegenüber sich verändernden Bedingungen führen und den Blick für Verbesserungen der Methodik oder für Neuerungen in der Aufmeß- und Zeichenpraxis verstellen.

In diesem Zusammenhang sei in Kürze noch ein Tatbestand angesprochen, dessen Auswirkungen von den Ausgräbern unterschiedlich beurteilt werden: die Einseitigkeit der Arbeit des technischen Personals auf einer unter ökonomischen Gesichtspunkten konzipierten und durchgeführten Grabung. Ein Problem, von welchem vor allem jene Grabungen betroffen sind, auf denen die Befundaufnahme und -darstellung nach traditionellen Verfahren erfolgt.

Zur Bewältigung dieses Problems wird ein häufigerer Wechsel der Tätigkeit während der laufenden Grabung praktiziert. Eine Lösung, die einen gleichen Ausbildungsstand sämtlicher Mitglieder des technischen Personals auf allen Tätigkeitsgebieten zur Voraussetzung hat. Wenn dem nicht so ist, wäre dies reichlich kurzsichtig; es sei denn, man nimmt Qualitätsunterschiede und das Problem der ‚verschiedenen Hände‘ mit seinem Risiko für eine umfassende Auswertung in Kauf. Dies allerdings sollte nach meiner Auffassung tunlichst vermieden werden. Wenn mich meine langjährige Tätigkeit als Ausgräber etwas gelehrt hat, dann ganz besonders dieses, daß die Dokumentation der Grabungsbefunde aus genanntem Grund nicht genau und einheitlich genug erfolgen kann. Diese Erkenntnis ist nicht neu. Schon 1887 schrieb Pitt Rivers, einer der großen Ausgräber seiner Zeit, „es sollte das Bestreben der Ausgräber sein, den subjektiven Faktor auf ein Mindestmaß zu beschränken". (Zitat nach Wheeler, Moderne Archäologie 19.) Sehr ernstzunehmende Gründe, weil durch den Prozeß des Ausgrabens alle Schichten bis auf jene in den stehengebliebenen Profilstegen unwiederbringlich zerstört werden. Es gilt demnach hauptsächlich, durch eine qualifizierte Schulung bestmögliche Konditionen für einen flexiblen Einsatz des technischen Personals zu schaffen. Das kostet viel Zeit und Mühe, doch der Aufwand lohnt sich.

Nach diesen Streiflichtern auf die unterschiedliche Organisation und Struktur von Ausgrabungen sollen im folgenden Zielvorstellungen entwickelt und Voraussetzungen aufgezeigt werden. Hauptaufgabe einer verantwortungsbewußten Planung ist die Schaffung möglichst optimaler Bedingungen für die Grabung unter Berücksichtigung der eingangs genannten Fakten und des zur Verfügung stehenden Personals. Eine Voraussetzung hierfür ist die Aufteilung der Grabung in zwei Aufgabenbereiche: die eigentliche Grabung und die Bearbeitung der Kleinfunde. Diese Teilung entlastet den Grabungsleiter, so daß er seine Kräfte wenn nicht ganz, so doch in verstärktem Maße auf die hohen Anforderungen des Grabungsalltags vor Ort konzentrieren kann.

Eine weitere wichtige Voraussetzung für die Effizienz einer Grabung bildet die sinnvolle Koordination von Personaleinsatz und Arbeitsabläufen sowie die Einschränkung der Fluktuation des technischen Personals auf das unumgängliche Maß. Denn das arbeitsteilige Zusammenspiel stellt höchste Ansprüche an alle am Arbeitsprozeß beteiligten Gruppen, insbesondere an das technische Personal. Es setzt bei diesen Mitarbeitern die mühelose, routinierte Beherrschung aller Handgriffe und Tätigkeiten, die für einen reibungslosen Ablauf notwendig sind, voraus. Um so wichtiger ist daher eine fundierte Schulung des betreffenden Personals vor Grabungsbeginn, sonst tauchen zwangsläufig Probleme auf. Wenn ein Austausch oder Wechsel während der laufenden Grabung bevorsteht, sollte die notwendige Routine sicherheitshalber durch Parallelarbeit vor Ort erworben werden. Es ist wesentlich eine Frage dieser Schulung, ob der erreichte Standard zu halten und das bereits erörterte Problem der ‚verschiedenen Hände‘ auf die Dauer einer langfristig angelegten Grabung zu vermeiden ist. Dazu könnte auch eine verbesserte Befundaufnahme mit Hilfe eines seit Mitte der siebziger Jahre erprobten und bewährten polaren Aufnahmeverfahrens beitragen.

Alle Arbeitsgänge nur von kleinen Gruppen durchführen zu lassen sollte Grundregel jeder Grabung sein. Kleine Gruppen arbeiten im allgemeinen nicht nur konzentrierter als große; ihre Arbeit ist für den Leitenden auch leichter überschaubar, was bei der mit den Freilegungsarbeiten befaßten Gruppe besonders wichtig ist. Dergestalt werden Schwierigkeiten beim Schichtabtrag von der Aufsicht sofort erkannt, sie kann eingreifen, ehe ein größerer Schaden entstanden ist. Daraus leitet sich als weiterer Grundsatz ab, daß eine Schicht nur in Anwesenheit des Grabungsleiters oder einer ebenso erfahrenen Aufsicht freigelegt und für die Befundaufnahme präpariert werden darf.

Mit dem Hinweis, herkömmliche Arbeitskräfte tunlichst ihrer Veranlagung und Fähigkeit entsprechend einzusetzen, ist der letzte

uns im Hinblick auf eine qualitätvolle Arbeit wichtig erscheinende
Punkt genannt. Das gilt im besonderen für jene Gruppen, die mit
der heiklen Freilegungsarbeit und mit dem daran anschließenden
Putzen der freigelegten Oberfläche beauftragt sind. Beide Tätig-
keiten erfordern neben viel Fingerspitzengefühl ein hohes Maß an
Verantwortungsbewußtsein.

Zusammenfassend kann festgestellt werden: Das Prinzip einer
effizienten Grabungsorganisation heißt: sinnvolle und möglichst
enge Verzahnung aller Arbeitsgänge unter Berücksichtigung wirt-
schaftlicher Gesichtspunkte. Keine leichte Aufgabe, wie immer sie
gelöst wird. Eine Lösungsmöglichkeit sei nachfolgend in kurzen
Zügen beschrieben. Sie basiert auf dem Rotations- oder Kreislauf-
prinzip und gelangte zwischen 1963 und 1979 bei den Ausgrabungen
auf der „Heuneburg" an der oberen Donau zur Anwendung. Aus
Gründen der Zweckdienlichkeit – Vemeidung langer Wege, Arbeit
unter Zelt – wurde sie auf zwei unmittelbar nebeneinanderliegenden
5 × 10 m großen Grabungsflächen mit dem vergleichsweise kleinen
Stab von fünf geschulten, flexibel einsetzbaren Mitarbeitern und
herkömmlichen Arbeitskräften praktiziert. Für die Abwicklung des
Kreislaufverfahrens spielte die Orientierung der Grabungsflächen
keine, die Lage der Abraumdeponie hingegen eine wichtige Rolle.
Denn eine rationelle Beseitigung des Abraums konnte nur über eine
der beiden Schmalseiten einer Grabungsfläche erfolgen. Diesem Konzept entsprach der Einsatz von zwei langen Förderbändern außerhalb
und eines etwas kürzeren Leichtförderbandes innerhalb der Grabungsflächen (Abb. 1), welches umschichtig betrieben wurde.

Der Arbeitsablauf beim Kreislaufverfahren ist auf Abb. 2 schema-
tisch dargestellt. Er basiert auf der möglichst nahtlosen Aufeinan-
derfolge der verschiedenen Arbeitsgänge. Mit anderen Worten, die
einzelnen Arbeitsgänge sind zeitlich so aufeinander abzustimmen,
daß größere ‚Kunstpausen' zwischen ihnen vermieden werden. Als
erstes wird der Humus maschinell oder von Hand bis dicht über der
obersten Bauschicht abgeräumt. Danach wird auf Grabungsfläche
A mit der Freilegung der Schichtoberfläche begonnen (1), und zwar
von einer Schmalseite der Fläche zur andern in bogigen Streifen.
Das anschließende Putzen (und Absaugen) der freigelegten Oberfläche (= Planum 1), das Fotografieren und Anreißen der Befunde
(2) erfolgt wie bisher ganzheitlich. Die anschließenden technischen
Arbeiten, beginnend mit der zeichnerischen Aufnahme (3) und
endend mit dem Nivellieren (6) der Befunde, werden dagegen auf
Halbflächen ausgeführt.

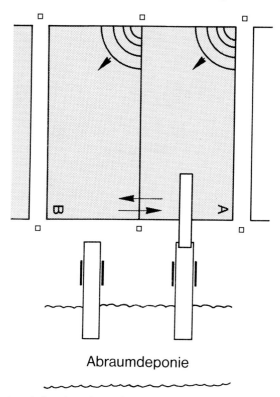

Abraumdeponie

Abb.1 Beispiel für die Abraumbeseitigung auf zwei nebeneinanderliegenden Grabungsflächen (A.B) mittels dreier Förderbänder. ← Arbeitsrichtung. ↔ Umsetzrichtung des Leichtförderbandes.

Nach dem Putzen der freigelegten Schichtoberfläche (2) auf Grabungsfläche A wechselt diese Arbeitsgruppe auf die Parallelfläche B hinüber, auf welcher der eben geschilderte Arbeitsprozeß phasenverschoben von neuem abläuft. Dergestalt werden die Grabungsflächen A und B wechselweise Schicht für Schicht abgetieft, bis die Alte Oberfläche oder, wenn diese durch Baumaßnahmen beseitigt ist, das sterile Liegende erreicht ist. Dann wird das Grabungszelt (Abb.3) über die nächsten beiden Grabungsflächen gerollt und wieder mit Stahlseilen vertäut; der Kreislauf kann von neuem beginnen.

Wenn sich der Zeitplan für einen Arbeitsgang nicht einhalten läßt,

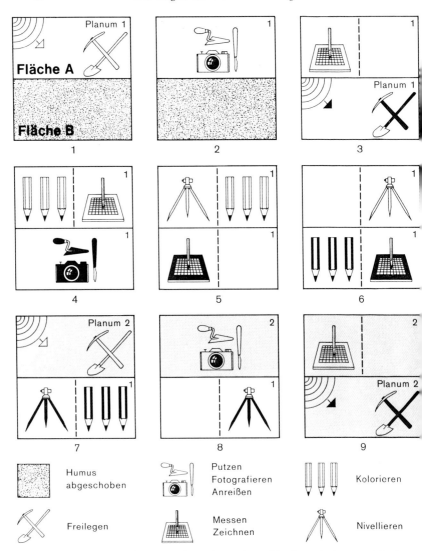

Abb. 2 Schematische Darstellung des Arbeitsablaufs nach dem Kreislauf-oder Rotationsverfahren auf zwei nebeneinanderliegenden 5 × 10 m großen Grabungsflächen. ← Arbeitsrichtung.

weil beispielsweise das Kolorieren einer Teilfläche mehr Zeit als vorgesehen in Anspruch nimmt, kann ein anderer Arbeitsgang vorgezogen werden, etwa das Nivellieren der zwischenzeitlich gezeichneten Teilfläche. Dies muß dann mit äußerster Behutsamkeit geschehen, damit weder die Spuren verwischt noch deren Farbigkeit beeinträchtigt werden. Grundsätzlich sollten Flächen, die sich noch in Bearbeitung befinden, nur mit glattsohligem Schuhwerk möglichst ohne Absätze, auf gar keinen Fall mit grobstolligem, betreten werden.

In den Zuständigkeitsbereich der Grabungsorganisation fällt nicht zuletzt auch die Ausrüstung der Grabung mit bedarfsgerechtem Grabungsgerät. Dafür steht ein umfangreiches Arsenal vielfältiger und häufig individuell gestalteter Geräte zur Wahl. Es ist schlechterdings unmöglich, sie alle zu beschreiben oder einzelne hervorzuheben oder sich auf „typisches" Gerät zu beschränken; letzteres würde den speziellen Strukturen, Größen und Organisationsformen der Grabungen nicht gerecht. Aus dem gleichen Grund können Informationen über die apparative Ausstattung nur oberflächlich sein. Sie beschränken sich deshalb auf einige mir von besonderer Wichtigkeit erscheinende Sachverhalte.

In Mitteleuropa ist für die sachgemäße Durchführung einer Grabung ein ausreichend großes Zelt möglichst mit transparenter Bespannung unverzichtbar (Abb. 3). Der Mangel an einem solchen Wetterschutz kann die Effizienz insbesondere komplizierter Grabungen erheblich beeinträchtigen. Zwar lassen sich irreparable Schäden an Schichten oder Gräbern durch Abdecken mit Planen in der Regel vemeiden; doch führen die dadurch bedingten mehr oder weniger ausgedehnten Zwangspausen zu einer unliebsamen Verzögerung der Grabung.

Genauso vorteilhaft wie ein Zelt wirkt sich im allgemeinen eine zureichende Versorgung mit Elektrizität durch Anschluß an das öffentliche Netz oder durch einen Generator auf den Betrieb einer Grabung aus. Sie ermöglicht nicht allein den Einsatz vergleichsweise leiser elektrischer Förderbänder zur Abraumbeseitigung sowie von Allzwecksaugern zum Absaugen der geputzen Plana und Profile und von Wasserpumpen. Sie erlaubt darüber hinaus die Beleuchtung des Grabungszeltes bei ungünstigen Lichtverhältnissen und vor allem die mobile Beheizung der Arbeitsplätze der Zeichner(innen) und Kolorist(inn)en mit Strahlern bei naßkalter Witterung. Auch mit gasbeheizten Strahlern läßt sich letzteres erfolgreich erreichen und ebenso das lästige, feuchtigkeitsbedingte Wellen des

Abb. 3 Auf Feldbahnschienen rollendes 11,5 × 11,5 m großes Grabungszelt mit Vordach (Herbertingen-Hundersingen „Heuneburg", Krs. Sigmaringen).

Zeichenpapiers verhindern. Die Stromversorgung einer Grabung wirkt somit nicht nur in den technischen Bereich hinein; sie trägt durch Verbesserung der Arbeitsbedingungen an Tagen mit ungünstigen Witterungsverhältnissen zur Optimierung der Arbeitsleistung der technischen Mitarbeiter bei, denen gerade dann alles abverlangt wird. Und natürlich tragen gute Lebensbedingungen vor Ort nicht wenig zur Wahrung der Leistungsfähigkeit des genannten Personenkreises bei. Schließlich sei noch darauf hingewiesen, daß eine moderne Ausgrabung auf die enge Zusammenarbeit insbesondere mit Naturwissenschaftlern angewiesen ist. Es wird unumgänglich sein, daß zur Wahrnehmung naturwissenschaftlicher Aufgaben Fachspezialisten herangezogen werden. Bei Grabungen in Feuchtgebieten mit ihren unvergleichlichen Erhaltungsbedingungen für alles Organische kann eine langfristige oder permanente Anwesenheit von Naturwissenschaftlern verschiedener Fachrichtungen (Paläobotanik, Paläobiologie, Pollenanalyse, Sedimentologie) sogar unumgänglich sein. Diese interdisziplinäre Zusammenarbeit erweitert die Aufgabenstellung des Ausgräbers und hat häufig bestimmenden Einfluß auf archäologische Fragestellungen. „Deshalb sollte der Archäologe die verschiedenen naturwissenschaftlichen Methoden im Prinzip kennen, um abschätzen zu können, welche Forderungen er stellen kann und ob bzw. wie die erzielten Resultate zur Klärung einer archäologischen Frage beitragen. Er muß Bescheid wissen, ob eine bestimmte naturwissenschaftliche Methode für die von ihm gewünschte Untersuchung geeignet ist" (H. Mommsen, Archaeometrie 11). Und er muß wissen, bei welchen Schichten sich die Probenentnahme lohnt und wie diese Proben bis zur Bearbeitung durch einen Fachspezialisten zu lagern sind. Denn man muß sich darüber im klaren sein, daß weder eine flächen-deckende Probenentnahme, geschweige denn der Wunsch nach Trocken- bzw. Naß-Sieben (Schlämmen) des gesamten Schicht-abtrags in den allermeisten Fällen im Rahmen des finanziell Mach-baren liegt. Man wird sich also in aller Regel mit gezielt entnom-menen Stichproben begnügen müssen.

3. DIE GRUNDLAGEN

3.1 Das Vermessungssystem

Traditionsgemäß wird bei allen größeren Grabungen zunächst ein Vermessungsnetz (-gitter) oder ein Koordinatensystem über das Grabungsgelände gelegt. Unter Berücksichtigung von Wirtschaftlichkeitsgrundsätzen empfiehlt es sich, das eine wie das andere von professionellen Kräften mit modernem Gerät – Digital-Theodolit mit elektrooptischem oder Infrarot-Distanzmesser – vermarken zu lassen. Das hat den Vorteil, daß dieses Verfahren wesentlich effektiver ist als die konventionelle Methode mit Hilfe eines Universal-Theodoliten. Dieses mittlerweile vielfach bewährte Konzept wird daher immer häufiger auch bei der Absteckung der Grabungsflächen selbst angewandt.

Welches Material für die Vermessungspunkte verwendet wird, hängt im wesentlichen von der Beschaffenheit des Untergrundes und von der projektierten Dauer einer Grabung ab. Im Zweifelsfalle empfiehlt es sich, die Vermessung dauerhaft zu vermarken, um unnötige Kosten zu vermeiden. Bei einer vergleichsweise kurzen Grabungsdauer (bis max. 1 Jahr) genügen im allgemeinen starke Vierkantpfähle, am besten aus druckimprägniertem Holz. Der Meßpunkt selbst wird durch einen Stahl-, Messing- oder Aluminiumstift markiert. Bei längerdauernden Grabungen und insbesondere bei Langzeitprojekten hat es sich bewährt, die Vermessungspunkte mit Eisenrohren dauerhaft zu vermarken. Ihr Durchmesser sollte nicht zu knapp bemessen sein, um geringe Abweichungen, die beim Einschlagen der unten flachgehämmerten Rohre unvermeidlich sind, ausgleichen zu können.

Nach dem Einschlagen sind die Rohre mit feinem Kies und Sand bis auf die letzten 10 cm und diese mit Zementmörtel zu verfüllen. Anschließend wird der Meßpunkt in Form eines dünnen Stiftes aus dem oben genannten Material in den noch plastischen Mörtel eingesetzt. Diese Methode hat sich, wie die Erfahrung lehrte, besser bewährt als die zum gleichen Zweck verwendeten Holzeinsätze, bei welchen stets die Gefahr des Holzschwundes bestand.

Die Rohre mit den einzementierten Vermessungspunkten sollten die Bodenoberfläche möglichst wenig überragen, um sie zuverlässig gegen jede Veränderung ihrer Lage durch Stöße zu schützen. Bei längerdauernden Grabungen wäre es nicht falsch, sie mit einem Betonkragen als zusätzliche Schutzmaßnahme zu versehen, doch stellt sich hierbei stets die Frage nach der Verhältnismäßigkeit. Bei Langzeitprojekten indes können solche Sicherheitsvorkehrungen für alle Vermessungspunkte unverzichtbar sein, das hängt entscheidend von den örtlichen Gegebenheiten ab.

Im Ackerland sind die Rohre mindestens 0,40 bis 0,50 m unter Niveau zu versenken, damit sie vom Pflug nicht erfaßt werden können. Ihr späteres Auffinden wird erleichtert, wenn sie mit einer dünnen Steinplatte oder einem anderen nicht verrottenden Material abgedeckt werden.

Außerhalb der beackerten Fläche empfiehlt es sich, die Eisenrohre in einer manuell ausgehobenen Grube oder in einem starken Bohrloch so einzubetonieren, daß die Rohrmündung im Niveau der Bodenoberfläche liegt oder diese im Schutze eines flachen Betonkragens nur mäßig überragt. Dergestalt sind die Meßpunktrohre gegen Veränderungen ihrer Lage durch Einwirkung landwirtschaftlicher Maschinen ausreichend gesichert. Das kostet zwar seine Zeit, aber man sollte bedenken, daß es sehr mühsam und vor allem zeitraubend sein kann, aus ihrer ursprünglichen Lage gebrachte Vermessungspunkte zu Beginn einer Grabung korrigieren zu müssen. Vor diesem Hintergrund lohnt sich der einmalige Aufwand.

Wo die Deckschicht nur geringe Mächtigkeit über felsigem Untergrund erreicht, sind die eben geschilderten Sicherheitsvorkehrungen möglicherweise nicht ausreichend oder nicht praktikabel. Hier wird man von Fall zu Fall sich für die bestmögliche Lösung entscheiden müssen; beispielsweise für die unverwüstliche Markierung der Vermessungspunkte durch ein in den Fels eingemeißeltes Kreuz oder durch eine Messingplombe.

Die Vermessungspunkte erhalten eine unverwechselbare Kennzeichnung, am besten durch eine fortlaufende Numerierung mit arabischen (Abb. 4) oder römischen Ziffern, beim Koordinatensystem (Abb. 5) unter Hinzufügung der die Achsen kennzeichnenden Buchstaben x und y.

Wenn auf dem Grabungsareal kein Trigonometrischer Punkt (TP) vorhanden ist, sollte der dem TP am nächsten liegende Eckpunkt des Vermessungsnetzes auf absolute Meereshöhe (NN) einnivelliert und entsprechend gekennzeichnet werden. Er dient als Bezugspunkt für die Höhenmessungen (Nivellements) der Grabung und erleichtert dadurch diese wichtige Arbeit.

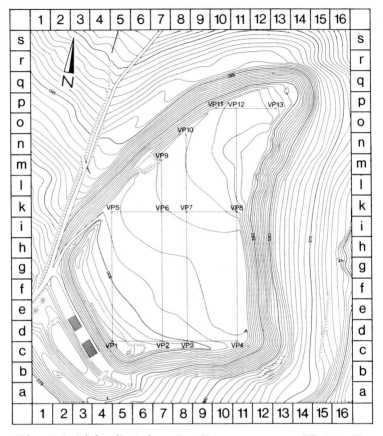

Abb. 4 Beispiel für die Anlage eines Vermessungsnetzes. VP 1–13: Vermessungspunkte (Herbertingen-Hundersingen „Heuneburg", Krs. Sigmaringen).

3.2   Die Anlage von Grabungsschnitten und Grabungsflächen

3.2.1 Vorbemerkungen

Mit der Vermarkung des Vermessungsnetzes oder Koordinatensystems sind alle notwendigen Voraussetzungen geschaffen, die Grabungsschnitte bzw. -flächen, die in Arbeit genommen werden sollen, schnell und präzise zu verpflocken. Diese Arbeit wird am

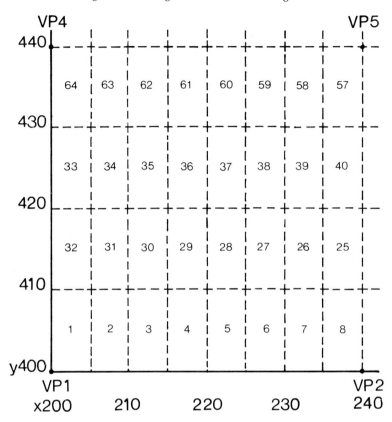

Abb. 5 Beispiel einer Flächenanlage innerhalb eines Koordinatensystems.
VP 1–5: Vermessungspunkte.

besten mit einem Digital-Theodoliten mit elektrooptischer Distanz-
messung ausgeführt. Steht kein derartiges Gerät zur Verfügung, benutzt man einen Universal-Theodoliten; einfachere Winkelmeßgeräte, beispielsweise Winkelprismen, sind dafür zu ungenau.

Das Zentrieren eines Universal-Theodoliten auf den Vermessungspunkt in ungünstigem Gelände kann schon bei mäßigem
Wind zu einem Problem werden, wenn diese Präzisionsarbeit mit
Hilfe eines an einer Perlonschnur aufgehängten Zylinderlotes erledigt werden muß. Dann ist ein ausreichender Windschutz unab-
dingbar, um das Pendeln des Lotes zu verhindern. Zumeist jedoch
sind Universal-Theodolite mit einem optischen Lot ausgerüstet. Das

erleichtert das Zentrieren und erspart damit viel Zeit. Verfügt der Universal-Theodolit jedoch über keine optische Zentrierhilfe, leistet ein ausziehbarer Lotstab diesbezüglich ebenfalls ausgezeichnete Dienste. Er wird in die Befestigungsschraube des Theodolitstativs eingesetzt und so weit ausgezogen, bis die Stabspitze dicht über dem Vermessungspfahl (-rohr) liegt. Auf diese Weise läßt sich der Theodolit sicher auf den Vermessungspunkt zentrieren.

Das Verpflocken der Grabungsschnitte bzw. -flächen kann von einem der zunächst gelegenen Vermessungspunkte aus nach dem polaren oder aber nach dem orthogonalen Verfahren erfolgen. Das zuerst genannte Verfahren ist vergleichsweise anspruchsvoll und sollte daher nur von qualifiziertem Personal durchgeführt werden, um Ungenauigkeiten zu vermeiden, die sich später nachteilig auf die Planbearbeitung auswirken könnten. Demgegenüber kann das Orthogonalverfahren (Abb. 6) auch von weniger Routinierten fehlerlos gehandhabt werden. Es ermöglicht zudem, von zwei Gerätstandorten aus in einem Arbeitsgang die Anzahl Meßpfähle und -punkte zu setzen, die entsprechend dem Meßverfahren zum Aufnehmen eines Planums erforderlich sind. Das Orthogonalverfahren erweist sich daher dort von Vorteil, wo nach einem vorher festgelegten System regelmäßig zueinander und rechtwinklig zum Vermessungsnetz bzw. Koordinatensystem liegender Flächen (Abb. 5) gegraben wird.

Die Anlage der Grabungsschnitte bzw. -flächen wird im allgemeinen, sieht man von Rettungsgrabungen einmal ab, von der Aufgabenstellung und Zielsetzung einer Grabung sowie von der Topographie des Grabungsgeländes bestimmt. Die Planung wird daher von Grabungsplatz zu Grabungsplatz unterschiedlich sein, doch lassen sich bestimmte Grundprinzipien, wenn auch keine allgemeinen Regeln aufstellen. Ihre sachgerechte Anwendung auf die Bedingtheiten des jeweiligen Grabungsplatzes erfordert von der Projektleitung bzw. dem Ausgräber ein hohes Maß an Flexibilität und in der Praxis erworbener Erfahrung nicht zuletzt auch im Umgang mit Grundeigentümern und Behörden.

3.2.2 Die Anlage von Grabungs-(Such-)schnitten

Wo Luftbild und geophysikalische Verfahren (magnetometrische und geoelektrische Widerstandsmessungen) versagen und Bohrungen mit einem von Hand oder maschinell betriebenen Bohrer

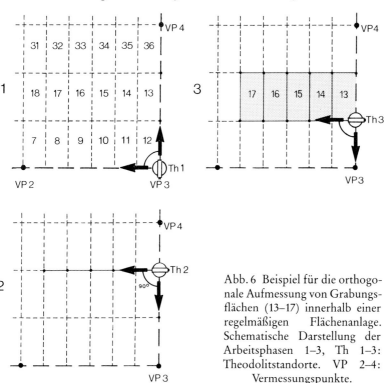

Abb. 6 Beispiel für die orthogonale Aufmessung von Grabungsflächen (13–17) innerhalb einer regelmäßigen Flächenanlage. Schematische Darstellung der Arbeitsphasen 1–3, Th 1–3: Theodolitstandorte. VP 2–4: Vermessungspunkte.

nur unzureichende Einblicke vermitteln, ist die Anlage von Suchschnitten sinnvoll. Sie dienen ausschließlich der Gewinnung zuverlässiger Erkenntnisse über die Ausdehnung des zu ergrabenden Objekts und bei einer Siedlung zudem der Klärung von Art und Umfang des Schichtaufbaus. Die Schnitte erfüllen somit ganz bestimmte Aufgaben im Rahmen der Zielsetzung einer Grabung. Ihre Anzahl sollte daher auf das nach Umfang und Art der Ausgrabungsstätte unverzichtbare Maß beschränkt werden.

Ob die Schnitte von Hand abgetieft oder notfalls mit einem mechanischen Gerät ausgehoben werden, ist eine Entscheidung, die der Ausgräber nach sorgfältiger Abwägung aller Vor- und Nachteile unter Berücksichtigung der zeitlichen und finanziellen Vorgaben zu treffen hat. Dabei muß auch gesehen werden, daß bei einem reinen Handbetrieb wichtige Befunde ebenfalls angeschnitten und zerstört werden können. Ganz zu schweigen von den technischen Problemen, beispielsweise sicherheitsrelevante Vorkehrungen, die sich mit zunehmender Schnittiefe stellen und die Arbeit stark behindern können.

3.2.3 Die Anlage von Grabungsflächen

Eines der wichtigsten Ziele der modernen Grabungsmethodik ist es, die Schichten möglichst großflächig aufzudecken, um einen optimalen Einblick in Abfolge, Verlauf und Ausdehnung zu gewinnen. Hierfür wurde das Feldersystem entwickelt, ein Verfahren, das auf einer am Vermessungsnetz orientierten Aufteilung des gesamten Grabungsgeländes in quadratische oder rechteckige Flächen basiert. Diese systematische Aufteilung hat gegenüber einer unregelmäßigen Flächenanlage (Abb. 7) einen nicht hoch genug einzuschätzenden Vorteil: Beim Ausgraben regelmäßig aneinandergereihter Flächen gleicher Größe entsteht ein ebenso regelmäßiges Profilgitter, wenn zwischen den Flächen Stege stehenbleiben. Ein solches Profilgitter erschließt das Grabungsgelände schichtenmäßig auf ideale Weise. Es ermöglicht zudem eine laufende Kontrolle der Schichtabtragung auf der Fläche, die bei einer komplizierten Schichtfolge unerläßlich ist, und fördert in Verbindung mit den horizontalen Flächenzeichnungen (Plana) das Erkennen von Zusammenhängen jeder Art. Deshalb empfiehlt es sich, von einer unregelmäßigen sogleich auf eine regelmäßige Flächenanlage überzugehen, wenn eine zunächst zeitlich befristete Ausgrabung zu einem Langzeitprojekt wird. Darüber hinaus erleichtert das Graben im Flächensystem nicht nur die arbeitstechnische Organisation (s. S. 8), sondern auch den Abtransport und die Ablage des anfallenden Abraums durch kurze, kostendämpfende Wege; sei es lokal bedingt im althergebrachten Schubkarrenbetrieb, sei es rationeller durch (einzelne oder eine Kette bildende) Förderbänder (Abb. 1). Denn zumindest in Mitteleuropa müssen die Grabungsflächen in der Regel (mit Planierraupe oder Frontlader/Laderaupe) wieder verfüllt und in ihren alten Zustand versetzt werden.

Voraussetzung für eine regelmäßige Flächenanlage, die sich ohne Veränderung des Grundrasters in jeder Richtung beliebig ausweiten läßt, ist ein auf der Basis des (zumeist genordeten) Vermessungsnetzes erstellter Flächenplan. Die einzelnen Flächen werden am besten gleichsinnig oder gegenläufig durchnumeriert, auch wenn nicht alle Flächen sogleich ausgegraben werden. Doch gibt es noch andere Möglichkeiten, die Grabungsflächen übersichtlich und unverwech-

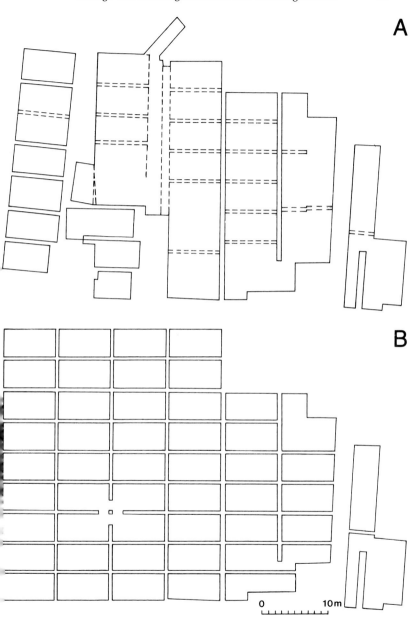

Abb. 7 Beispiele für die Flächenanlage A mit unterbrochenem,
B mit durchlaufendem Profilsteggitter.

selbar zu bezeichnen. Die Frage der Flächenkennzeichnung sollte geklärt sein, bevor die Arbeit vor Ort beginnt.

Durch die Orientierung des Flächensystems bedingt, können Fluchten von Bauten spitzwinklig zu den Flächengrenzen verlaufen. Dies kann bei trocken aufgesetztem und gemörteltem Mauerwerk oder bei Lehmziegelwänden sowohl grabungstechnische als auch meßtechnische Schwierigkeiten bereiten. Ersteres bei äußerst beschränkten Raumverhältnissen zwischen Mauerwerk und Flächenkante, so daß sich die Schichten nicht problemlos erfassen lassen; letzteres insbesondere bei Aufmessung des Mauerwerks im traditionellen Orthogonalverfahren. Einer solchen Situation werden Meßschienen besser gerecht, noch vorteilhafter und ökonomischer ist der Einsatz einer Feldzeichenmaschine (s. S. 72); beide bieten zudem die Gewähr für eine hohe Meßgenauigkeit.

Die Flächengröße wird wesentlich von grabungstechnisch-organisatorischen Erfordernissen bestimmt, die erfahrungsgemäß bei jeder Grabung etwas anders gelagert sind. Im allgemeinen gräbt es sich auf größeren Flächen leichter als auf zu klein bemessenen; insbesondere wenn mit stark ineinander geschacheltem Mauerwerk oder mit kleinräumigen Baukomplexen gerechnet werden muß. Auf einer zu klein ausgelegten Fläche kann dadurch die Bewegungsfreiheit so eingeschränkt werden, daß ein rationelles Arbeiten nicht mehr möglich ist. Die Fläche muß zwangsläufig erweitert werden, was zu Lasten durchlaufender Profilstege geht, somit zu Lücken in den Profilen führt. Ein Problem, das sich beim Ausgraben von Einzelräumen als Ganzes oder eines bestimmten in sich geschlossenen Komplexes genauso stellen kann. Es ist daher stets sorgfältig zu prüfen, ob der Vorteil einer solchen Verfahrensweise, nämlich die vollständige Freilegung mit einem Minimum an Profilstegen, den oben genannten Nachteil rechtfertigt. Denn schon die nächsttiefere Bauschicht kann eine völlig andere Bebauungsstruktur aufweisen, so daß Lücken im Profilgitter sich nachteilig auf Auswertung der baulichen Befunde und der Funde auswirken können. Es sei denn, es sprechen wirklich gewichtige Gründe für ein Abweichen von der Regel, die Flächen stets bis auf den gewachsenen Boden (die Alte Oberfläche) abzutragen. Das gilt insbesondere in jenen Fällen, wo das wissenschaftliche Gebot der Erhaltung einer oder bestimmter Bausubstanzen Vorrang vor der Erschließung der unterlagernden Bebauungsspuren hat.

Und noch eines ist bei relativ kleinen Grabungsflächen zu berücksichtigen, wenn, wie zumeist üblich, auf mehreren getrennt lie-

genden Flächen gleichzeitig gearbeitet wird. Diese Organisationsform verlangt einen möglichst gleich hohen Ausbildungs- und Erfahrungsstand von dem die Freilegungsarbeiten beaufsichtigenden
Personal. Denn es ist für den/die Grabungsleiter(in) schlechterdings
unmöglich, die Präzision der Abtragungsarbeit auf allen Flächen
zugleich zu überwachen. Diese Problematik gilt genauso für die entsprechende Arbeit auf mehreren getrennt liegenden großen Grabungsflächen. Auch sie erfordert vergleichsweise viel Aufsichtspersonal, das über annähernd den gleichen Erfahrungsstand verfügen
sollte, um ein gleichwertiges Ergebnis beim Schichtabbau sicherzustellen. Und nicht nur dies. Eine völlig einheitliche und eindeutige
Dokumentation muß ebenso gewährleistet sein. Ist dies nicht der
Fall, können daraus nicht zu unterschätzende Probleme für eine
umfassende Auswertung der Befunde und Funde erwachsen; eine
Gefahr, die sich mit jedem Wechsel der Mitarbeiter von neuem stellt,
wenn ihr nicht durch entsprechende Maßnahmen vorgebeugt wird.

Zumeist ist eine Ausgrabung allerdings weder personell noch
technisch in die Lage versetzt, auf mehr als zwei großen Grabungsflächen gleichzeitig zu arbeiten. Deshalb spielt der fragliche Unsi-
cherheitsfaktor, zumal wenn die verschiedenen Arbeitsgänge von
relativ kleinen Gruppen bewältigt werden, eine wesentlich geringere Rolle. Das wenige Aufsichtspersonal kann die Arbeit jedes
einzelnen in der jeweiligen Gruppe leicht übersehen und sofort eingreifen, wenn dies erforderlich ist.

Das Graben nach dem Flächen- oder Feldersystem ist grundsätzlich an kein starres Schema gebunden. Vielmehr stehen dem/der
Ausgräber(in) innerhalb des festgelegten Flächennetzes alle Varia-
tionsmöglichkeiten offen; selbst dort, wo unter einem auf Schienen
rollenden Großzelt gegraben wird, denn auch dieses kann im Laufe
einer Grabungskampagne notfalls maschinell umgesetzt werden.
Das Prinzip ist vielseitig und funktioniert optimal, wenn der/die
Ausgräber(in) sein/ihr Handwerk vollauf beherrscht und versteht,
auf unerwartete Herausforderungen flexibel zu reagieren.

Entsprechend der Auslegung des Flächennetzes entsteht ein mehr
oder weniger engmaschiges Profilsteggitter. Es hat ganz unterschiedliche Funktionen zu erfüllen. Vorrangig dient es der Schicht-
beobachtung und der Verfolgung der Begehungsflächen (Lauf-
niveaus) über große Strecken sowie der sicheren Verknüpfung der
einzelnen Schichtglieder. Zum andern wird es zur Verpflockung der
Grabungsflächen mit Meßpfählen, verschiedentlich auch zum
Abtransport des Grabungsabraums und allgemein als Zugang zu

den Flächen benutzt. Es gilt daher, bei der Wahl der Stegbreite diese Funktionen neben der Standfestigkeit des Materials der Bauschichten, aus welchen sie sich aufbauen, zu berücksichtigen. Zur Erhöhung der Standfestigkeit tragen Holzdielen oder -bohlen bei, mit welchen man die Stegkanten abdeckt. Sie verhindern nicht nur das Ausbrechen der Stegkanten, sondern auch, daß zuviel Wasser in die Stege eindringt, was zu partiellen Wandausbrüchen führen könnte. Davon abgesehen erhöht diese Maßnahme ganz allgemein die Begehbarkeit der Profilstege und erleichtert auf diese Weise das Verlegen des Meßgeräts auf dem Planum bzw. die Installation eines polaren Zeichengeräts (s. S. 72). Wichtig ist, daß die Dielen/Bohlen der Stegoberfläche satt aufliegen (Abb. 20). Das läßt sich, wo erforderlich, durch Abtragen der Bodenunebenheiten oder durch Unterfütterung der Dielen/Bohlen mit Erde leicht bewerkstelligen. Darüber hinaus müssen die Stegwände dem Druck bereits verfüllter Nachbarflächen standhalten. Es wäre ein Fehler, den Druck durchfeuchteter Füllmassen auf einen hohen Profilsteg zu unterschätzen; er könnte einen zu schwachen Steg leicht zum Einsturz bringen.

Für die Wahl der Stegbreite gibt es kein Patentrezept. Im allgemeinen dürfte eine Breite von einem Meter auch für eine größere Steghöhe ausreichend sein, wenn das Schichtmaterial, aus welchem er sich aufbaut, standfest genug ist. Bei standfestem lehmigem Material kann die fragliche Stegbreite auf den nicht mit Meßpfählen besetzten Seiten auf die Hälfte des genannten Wertes verringert werden, sofern die zu erwartende Steghöhe zwei Meter nicht überschreitet. Bei dieser relativ geringen Stegbreite ist es besonders wichtig, daß keine Steine aus der Profilwand entfernt werden, wenn sie die Arbeit auf dem Planum behindern. Vielmehr sollte versucht werden, die weit herausragenden Teile vorsichtig abzuschlagen, so daß die Schichten weder gestaucht werden noch Risse bekommen.

Bei einer Maschenweite von 10 × 10 m können die Profilstege stehen bleiben, wenn nicht triftige Gründe für einen Abbau sprechen; denn auf einer so großen zusammenhängenden Fläche lassen sich auch komplizierte bauliche Befunde und Zusammenhänge zumeist gut erfassen. Bei fotografischen Gesamtaufnahmen von Gebäudekomplexen aus Mauerwerk können Profilstege manchmal störend sein, so daß ihr Abbau naheliegt. Ein Profilsteg muß abgebaut werden, wenn sich Bauschichten von zwei in gleicher Flucht verlaufenden Profilen nicht mit zureichender Sicherheit synchronisieren lassen, weil Höhendifferenzen bestehen. Der Abbau des Steges muß nach dem auf den Flächen praktizierten Verfahren erfolgen; d. h., es wird jede einzelne Schicht abgetragen, für sich gezeichnet, koloriert und nivelliert.

3.3 Die Höhenmessungen

Für die Höhenmessungen (Nivellements) verwendet man zweckmäßigerweise ein Ingenieur-Nivellier mit automatischer Horizontierung der Ziellinie. Dadurch entfällt das lästige Nachjustieren des einfachen Nivelliers ohne Kompensator, was eine wesentliche Erleichterung bedeutet und die mühevolle Nivellierarbeit erheblich beschleunigen kann.

Für die Arbeit auf der Fläche sind leichte einklappbare oder starre Nivellierlatten unterschiedlicher Höhe den üblichen schweren, zusammenklappbaren 4-m-Latten vorzuziehen. Die leichten schmalen Nivellierlatten können aus abgesperrtem und gegen Feuchtigkeit geschütztem Holz in jeder gewünschten Höhe angefertigt werden, je nach Fernrohrbild des Nivelliers mit aufrechter (Abb. 8, 15 A) oder umgekehrter (Abb. 8, 15 B) Bezifferung. Ebenso vorteilhaft sind schmale Nivelliermeter, die mit Klammern an einer Fluchtstange mit abgeschnittener Spitze befestigt werden (Abb. 8, 13. 14). Beide Lattenarten erleichtern durch ihr vergleichsweise geringes Gewicht und durch ihre Handlichkeit dem/der Lattenträger(in) die sich tagtäglich mehrfach wiederholende, nicht ganz einfache Arbeit auf der Fläche; sie tragen dadurch wesentlich zu einem rationellen Arbeitsablauf bei.

Wichtig ist, daß die Nivellierlatten bzw. -meter zur Senkrechtstellung mit einem Lattenrichter (Abb. 8, 15 B) oder mit einer Dosenlibelle ausgerüstet sind. Lattenrichter wie Dosenlibelle lassen sich im Bedarfsfall leicht abnehmen und auf eine andere Latte bzw. einen anderen Nivelliermeter umstecken. Sie müssen so an der Latte oder dem Fluchtstab befestigt sein, daß sie gut einsehbar sind; d.h., sie sollten nicht höher als einen Meter über dem Lattenfuß angebracht sein.

Als Bezugspunkt für die Höhenmessungen dient normalerweise ein Trigonometrischer Punkt (TP) der Landesvermessung. Ist ein solcher Festpunkt innerhalb des Grabungsgeländes nicht verfügbar, muß ein Hilfspunkt (TPH) dessen Funktion übernehmen. Seine absolute Höhe wird vom nächstgelegenen TP aus durch einmaliges oder mehrfaches Umsetzen des Nivelliers bestimmt. Dadurch können alle auf der Fläche genommenen Höhenwerte auf absolute Meereshöhe (NN) umgerechnet werden (Abb. 9).

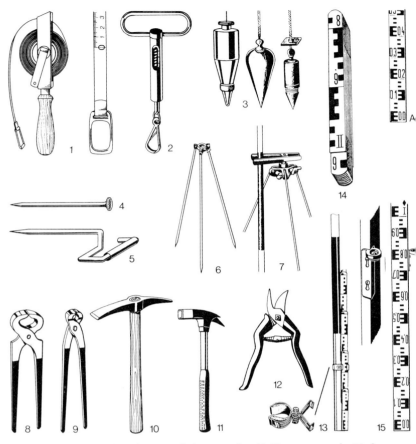

Abb. 8 Auswahl wichtiger Arbeitsgeräte für die Vermessung, das Verlegen des Meßgeräts auf der Fläche und für das Nivellieren.

Als Hilfspunkt wählt man am besten einen dem Trigonometrischen Punkt zunächstliegenden Vermessungspunkt des großen, das Grabungsgelände deckenden Vermessungsnetzes. Der TPH sollte dauerhaft gesichert sein, was zweckvoll durch Einbetonieren geschieht. Er wird zur Einstellung des Nivellierinstruments (hier kurz Nivellier genannt) für alle im näheren Umkreis liegenden Grabungsflächen benutzt. Für die in größerer Entfernung vom TP oder dem fraglichen Vermessungspunkt projektierten Grabungsflächen setzt man zweckmäßigerweise einen exakt nivellierten Hilfspunkt. Und

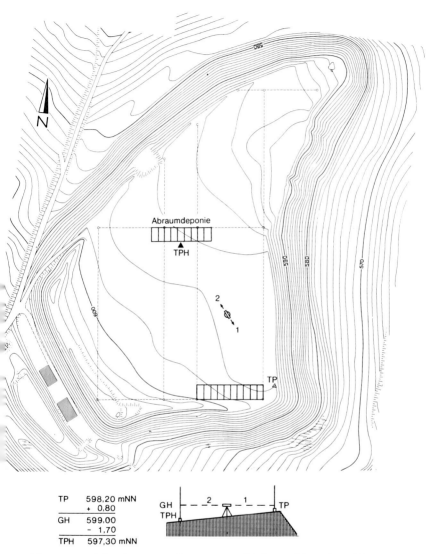

Abb. 9 Beispiel für das Setzen eines topographischen Hilfspunktes (TPH) für die Höhenmessungen bei Grabungsflächen in größerer Entfernung vom Topographischen Punkt (TP). GH: Höhe der Visierlinie des Nivelliergeräts, 1.2: Visierrichtungen.

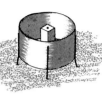

Abb. 10 Auswahl von Schutzvorrichtungen für den Topographischen
Hilfspunkt (TPH).

zwar so, daß er weder die Deponierung des Abraums noch den Einsatz großer Räumgeräte behindert. Durch Mittelpunktlage zu den
projektierten Grabungsflächen entfallen lange, zeitraubende Weg-
strecken bei der sich tagtäglich mehrmals wiederholenden Bestimmung und Kontrolle der Instrument-(Gerät-)höhe.
    Als Hilfspunkt eignet sich ein starker Rund- oder Vierkantpfahl
aus Holz ebensogut wie ein oben geschlossenes Eisenrohr. Der
Hilfspunkt sollte die Bodenoberfläche nur wenig überragen und
gegen seine Lage verändernde Stöße oder Schläge zusätzlich gesichert sein. In der Praxis wurden vielfältige Schutzmaßnahmen
erprobt, drei davon gibt Abb. 10 wieder: ein oben mit Latten ver-
bundenes Pfahldreieck aus Holz, einen starken Eisenring mit Befe-
stigungsdornen und einen oben offenen Eisenzylinder mit drei oder
vier langen, etwas schräggestellten Eisendornen. Letzterer hat sich
nach unserer Erfahrung am besten bewährt; denn er schirmt den
Hilfspunkt vollkommen ab und kann mit seinen langen Dornen so
fest im Boden verankert werden, daß er auch heftigen Schlägen oder
Stößen zu widerstehen vermag.
    Wenn eine Grabungsfläche so tief liegt, daß die vorhandenen
Nivellierlatten in der Höhe nicht mehr ausreichen, muß ein neuer
Hilfspunkt gesetzt werden; wiederum so, daß er weder die Arbeit
auf der Fläche behindert noch durch Unvorsichtigkeit aus seiner
Lage gebracht werden kann. Hierfür eignet sich ein stärkeres an
einem Ende zugespitztes Vierkant- oder Rundeisen besonders gut.
Es wird so weit in die Profilwand getrieben, daß auf dem herausragenden Ende gerade noch die Nivellierlatte aufgestellt werden
kann.
    Das Nivellieren läßt sich, je nachdem wieviel technisches Per-
sonal zur Verfügung steht, von zwei oder, effektiver, von drei Personen – Werteleser, Schreiber, Lattenträger – bewältigen. Es setzt
eine gute Verständigung und Abstimmung bei den Nivellierpartnern

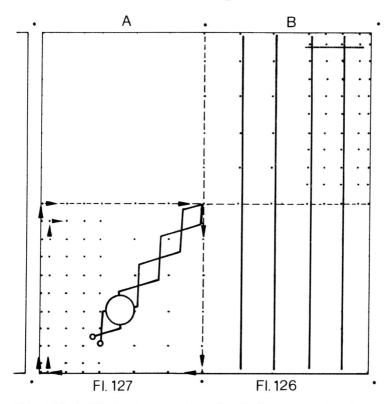

Abb. 11 Modell für das Setzen der Nägel für Nivellierraster mit 0,50 bzw. 1,00 m Maschenweite auf Teilflächen. A: mit der Feldzeichenmaschine Kartomat, B: mit Bandmaßen und Doppelmeter, ← Drehrichtung des Auslegers.

voraus. Durch überlegtes Gehen in Bahnen kann das Ablesen der Werte am Zielfernrohr des Nivelliers erleichtert und das Nivellieren beschleunigt werden; d. h., der/die Lattenträger(in) muß möglichst senkrecht auf das Nivellier zugehen und dabei starke seitliche Abweichungen tunlichst vermeiden. Auf Abb. 11 ist ein Modell dargestellt, das sich in der Praxis bewährt hat. Es basiert auf einem Nivellierraster, der auf dem zu nivellierenden Planum an Hand des Meßgeräts mit langen Eisennägeln abgesteckt wird. Nicht alle Plana lohnen den gleichen Aufwand. Bei nur wenig bewegtem Relief genügt normalerweise eine Maschenweite von einem Meter, auf unebenem bis stark bewegtem Relief leistet ein 0,50-m-Raster bessere

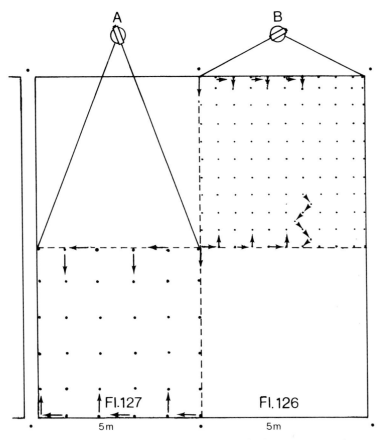

Abb. 12 Beispiele für das Nivellieren einer Teilfläche in 0,50-m- (Fl. 126) und in 1,00-m-Bahnen (Fl. 127). A: günstige Gerätposition mit kleinem, B: ungünstige Position des Nivelliergeräts mit großem Schwenkbereich, → Gehrichtung..

Dienste. Der Raster bildet indes nur das Grundgerüst, das es durch dazwischenliegende Punkte von Bau- oder sonstigen Spuren zu vervollständigen gilt. Sie werden bahnenweise in einem Arbeitsgang mit den Rasterpunkten erfaßt (Abb. 12).

Die am Nivellier auf einen halben Zentimeter ab- oder aufgerundet abgelesenen Gerätwerte – sie werden als ausreichend genau angesehen – sollten nicht sofort in die fertige, zumeist kolorierte, Originalzeichnung eingetragen werden; denn sie werden im allgemeinen auf absolute Meereshöhe (NN = Koten) umgerechnet. Deshalb empfiehlt es sich, die Gerätwerte zunächst auf ein über die Feldzeichnung unverrückbar gespanntes oder durch den Rahmen eines DIN-A 3-Feldzeichentabletts festgeklammertes Transparentblatt punktgenau einzutragen. Das Transparentblatt wird übereinstimmend beschriftet und mit der ermittelten absoluten Geräthöhe versehen sowie über zwei Meßpunkte mit der Zeichnung koordiniert. Dadurch ist es möglich, die zu Koten umgerechneten Gerätwerte präzis auf die Originalzeichnung zu übertragen.

Die Kreuz- oder Punktmarkierung des Nivellierrasters kann während des Nivellierens auf dem Transparentblatt vorgenommen werden. Doch läuft der Nivelliervorgang rationeller ab, wenn ein mit dem engen Nivellierraster präpariertes Transparent verwendet wird. Diese Vorkehrung kann bei Bedarf getroffen werden, während die Geräthöhe bestimmt oder kontrolliert wird. Bei regelmäßig angelegten Flächen ist es erwägenswert, vorsorglich eine größere Serie entsprechend vorbereiteter Transparentblätter anzulegen und vor Ort zu deponieren. Im Bedarfsfall muß ein solches Transparentblatt nur noch über zwei Meßpunkte exakt mit der Zeichnung koordiniert und beschriftet werden.

Wird das Nivellieren von einem Dreier-Team durchgeführt, trägt der oder die dicht neben dem/der Lattenträger(in) gehende Schreiber(in) den ihm/ihr zugerufenen Gerätwert entweder neben einem Rasterkreuz bzw. -punkt oder bei einem noch zu markierenden Zwischenpunkt ein. Vorbereitete Transparente entlasten somit die/den Schreibende(n) und tragen dadurch zur Beschleunigung des Nivelliervorgangs bei.

Wenn das Nivellieren beendet ist, sollte stets eine Überprüfung auf Vollständigkeit erfolgen; ein an sich selbstverständliches Prinzip, das für sämtliche Grundriß- und Profilzeichnungen genauso gilt. Diese Endkontrolle fällt in den Zuständigkeitsbereich des Grabungsleiters oder seines Stellvertreters. Er läßt ggf. weitere Nivellements nachtragen und überzeugt sich von der Vollständigkeit der Beschriftung des Transparents. Diese muß die Bezeichnung der Meßpunkte und der Grabungsfläche, die Nummer des Planums, die Geräthöhe sowie die Namen der am Nivellieren beteiligten Personen umfassen. Zuletzt ist noch die Geräthöhe zu überprüfen, zu welchem Zweck der bisher die Werte Lesende seine Position mit einem der übrigen Mitarbeiter vertauscht, wodurch eine echte Kontrolle gegeben ist.

Auf Grund einschlägiger Erfahrungen halten wir es für zweck-

mäßig, die errechneten Koten auf die Originalpläne zu übertragen.
Das kann auf verschiedene Weise geschehen. Eine bewährte Art ist,
die Koten mit millimeterhohen Ziffern neben den mit einem feinen
roten Punkt oder Dreieck markierten Meßstellen einzutragen. Dergestalt vermitteln sie einen raschen und zuverlässigen Eindruck vom
Relief des Planums, ohne den Gesamteindruck nennenswert zu beeinträchtigen.

Zusammenfassend kann folgendes festgehalten werden: Ziel des
Nivellierens muß grundsätzlich sein, bestmögliche Bedingungen
für eine umfassende Auswertung durch eine dem Relief gemäße Anzahl von Koten zu schaffen. Mit anderen Worten: Aufwand und
Nutzen sollten stets in einem angemessenen Verhältnis zueinander
stehen. Das richtig abzuwägen, erfordert einige Erfahrung vom
Ausgräber. Auch ist es mit Blick auf einen reibungslosen Grabungsablauf nicht ganz unwichtig, das Nivellieren von solchen Mitarbeitern ausführen zu lassen, die alle Arbeitsgänge 'im Griff' haben; es
sollte also in den Händen entsprechend vorgebildeter Kräfte liegen.
Daß ohne Einarbeitung alles einwandfrei abläuft, ist zumeist ein
Trugschluß. Der bei länger- und langfristigen Grabungen unvermeidliche Personalwechsel zwingt daher zu verstärkten Anstrengungen in dieser Richtung, um eine risikofreie Nivellierarbeit zu
gewährleisten.

4. AUSGRABUNGSMETHODEN

In der Gegenwart wird vornehmlich nach zwei Methoden gegraben, deren Zielsetzung prinzipiell verschieden ist: der traditionellen Stratengrabung, auch Abstichgrabung genannt, und der progressiven Schichtengrabung.

4.1 Die Stratengrabung

Bei dieser Grabungsweise werden Straten oder Abstiche von regelmäßiger oder auch unterschiedlicher Stärke ohne Berücksichtigung des tatsächlichen Verlaufs der einzelnen Schichten abgetragen. Ziel ist, möglichst ebene Flächen, Plana im Wortsinne, zu gewinnen, um die sich darauf abzeichnenden Spuren aufzumessen.

Ein solches Planum kann sich rein zufällig mehr oder weniger vollständig mit einer authentischen Schichtoberfläche, der einstigen Begehungsfläche (Laufhorizont), oder einer Brandschicht decken, dort nämlich, wo die Bauschichten übereinstimmend oder nahezu entsprechend verlaufen. In der Praxis ist dies jedoch nur ganz selten der Fall. Zumeist liegen die Schichten nicht horizontal, haben mitunter ein völlig abweichendes Relief oder fallen nach verschiedenen Seiten hin ab, die einen mehr, die andern weniger steil. Das hat dann zur Folge, daß durch ein Planum mehrere Schichten angeschnitten und auch durchschnitten werden können, insbesondere dort, wo relativ dünne Schichten übereinanderliegen.

Wenn Schichten angeschnitten bzw. durchschnitten werden, ist dies stets an dem kennzeichnenden Wechsel von mehr oder weniger breiten unterschiedlich gefärbten Streifen oder unregelmäßig begrenzten Zonen auf dem Planum erkennbar. Wobei Begehungsflächen im allgemeinen und Brandschichten im besonderen eine dunkle, Bauschichten dagegen eine helle Färbung aufweisen. Anhand des Blockbildes Abb. 13 versuchen wir, den fraglichen Sachverhalt zu veranschaulichen. Zugleich sollen damit die außerordentlichen Schwierigkeiten deutlich gemacht werden, die mit dieser Grabungsweise bei der Wiedergewinnung der einstigen Bauzu-

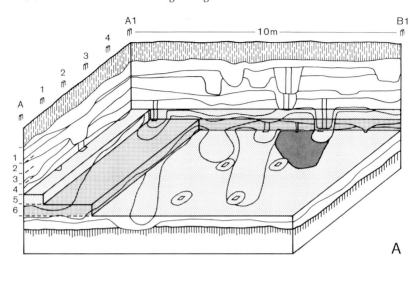

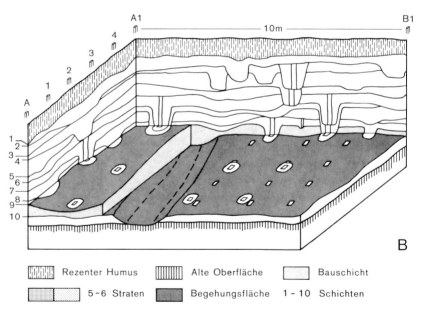

Rezenter Humus ⬚ Alte Oberfläche ⬚ Bauschicht

5-6 Straten ⬚ Begehungsfläche 1 - 10 Schichten

Abb. 13 Blockbild, A: einer Stratengrabung, B: einer Schichtengrabung.

stände und der schichtenmäßigen Einordnung des Fundstoffes zwangsläufig verbunden sind.

Zusammenfassend kann festgestellt werden, daß die Straten- oder Abstichgrabung auf vielschichtigen Siedlungsplätzen nicht oder nur sehr bedingt dazu geeignet ist, bestmögliche Voraussetzungen für eine zeitgemäße Auswertung zu schaffen. Je mehr Schichten vorhanden sind, desto schwieriger wird die Entschlüsselung der baulichen Befunde und die sichere Zuweisung der Kleinfunde zu einer bestimmten Siedlungsschicht. Daher sollte die Straten- oder Abstichgrabung auf solche Siedlungsplätze beschränkt werden, wo allenfalls zwei Schichten übereinanderliegen; auf Plätze demnach, bei welchen das Herausfiltern der Bauzustände und die Zuweisung des Fundmaterials problemlos möglich ist. Diese Einschränkung trifft genauso auf Siedlungen in Feuchtböden (Moore, Uferbereich von Seen) zu, wo mit Hilfe einer flächendeckenden dendrochronologischen Untersuchung unter günstigen Bedingungen eine stratigraphische Gliederung der baulichen Befunde gelingen kann. Doch ist damit nur in Ausnahmefällen auch eine sichere Verknüpfung des Fundmaterials mit den auf diese Weise ermittelten Baubefunden gewährleistet.

4.2 Die Schichtengrabung

4.2.1 Vorbemerkungen

Ziel der Schichtengrabung ist es, die authentische Begehungsfläche (Laufhorizont, Fußboden) jeder einzelnen Bauschicht oder, wo diese abgetragen ist, die Oberfläche der Restbauschicht bzw. einer Versturz- oder Verfallsschicht minuziös freizulegen (Abb. 13). Die Stärke einer Schicht spielt dabei keine Rolle, sie ist allenfalls ein arbeitstechnisches Problem.

Unter dem Begriff Bauschicht werden hier alle Schichten zusammengefaßt, die den unmittelbaren Baugrund beispielsweise für Schwellenbauten oder die Unterlage für die Fußböden innerhalb und die Begehungsflächen außerhalb der Bauten bilden. Struktur, Konsistenz und Färbung dieser Bauschichten können ganz unterschiedlich sein; sie sind in diesem Zusammenhang ohne Belang. Innerhalb der Bauten kann eine Bauschicht mit einem Stampflehmestrich oder sonstwie befestigt sein. Die Oberfläche dieser Fußböden korrespondiert mit der Begehungsfläche außerhalb; bei ein- oder mehrfach erneuerten die Oberfläche der zuletzt eingezogenen Estriche.

Im Mauerbereich befestigter Siedlungsplätze entspricht der Überrest einer verfallenen oder der Stumpf einer abgetragenen Mauer der gleichzeitigen Bauschicht des Innenraumes. Deshalb sind diese Mauer- bzw. Wallrelikte entsprechend den Bauschichten in ihrer vollen Stärke bis auf das ursprüngliche Bauniveau hinab abzutragen.

Daß die strikte Durchführung einer Schichtengrabung erheblich höhere und vielseitigere Anforderungen an die gesamte Grabungsmannschaft stellt, liegt im Wesen dieser Grabungsmethode. Werden beim Abtragen einer Schicht schwerwiegende Fehler gemacht, sind sie in der Regel durch nichts zu kompensieren. Stammen die baulichen Befunde von Rahmenwerkbauten, deren Schwellen nur wenig in die Bauschicht eingetieft oder dieser nur aufgesetzt waren, sind diese wie bei einer Stratengrabung unwiederbringlich verloren. Deshalb gilt es, eine Schichtengrabung mit der größten Sorgfalt durchzuführen. Gute Voraussetzungen hierfür können durch eine gezielte Vorabschulung der Grabungsarbeiter und des Mitarbeiterstabes geschaffen werden. Die dafür investierte Zeit lohnt in jedem Falle. Und noch eins ist für einen ordnungsgemäßen und reibungslosen Grabungsablauf insbesondere in Mitteleuropa mit seiner wechselhaften Witterung außerordentlich wichtig: ein zuverlässiger Regenschutz. Hierfür bietet ein ausreichend großes stationäres oder, vorteilhafter, ein auf Schienen rollendes Großzelt die beste Gewähr. Vor allem wenn es eine transparente Dach- und Seitenbespannung besitzt, was zudem ideale Lichtverhältnisse für die Arbeit auf der Fläche schafft (Abb. 3).

Die Methode der Schichtenuntersuchung ist nicht auf eine bestimmte Art von Siedlungsplatz beschränkt; sie ist vielmehr überall anwendbar, wo Schichten erhalten blieben. Die Technik der Schichtabtragung allerdings und die Organisationsform müssen den jeweiligen örtlichen Gegebenheiten angepaßt werden. Gegenüber der traditionellen Stratengrabung zeichnet sie sich durch das ihr eigene Maß an vor Ort zu gewinnenden Einsichten aus, auch dort, wo es in Teilbereichen nur unvollkommen gelingt, alle grabungstechnischen Schwierigkeiten erfolgreich zu meistern. Aus solchen Problemen darf keinesfalls eine gegenteilige Folgerung gezogen werden. Und ebenso unbegründet ist die Auffassung, eine Schichtengrabung zwinge oder verleite zu einer sofortigen Interpretation des Befundes auf der Fläche. Für eine solche Annahme gibt es keine belegbaren Fakten.

4.2.2 Grabungstechnische Schwierigkeiten

Humose Schichten können je nach dem Grad ihrer Humifizierung mehr oder weniger große Schwierigkeiten beim Schichtabbau bereiten. Sind die Schichtgrenzen durch den Humifizierungsprozeß großflächig verwischt, ist eine sachgerechte Trennung (derzeit) kaum möglich. In solchen Fällen bleibt im Grunde nichts weiter übrig, als in der Tendenz des bisherigen Schichtverlaufs vorsichtig weiterzugraben; und zwar solange, bis die abzutragende Schicht sich wieder sauber von der unterlagernden ablösen läßt. Dabei können offenliegende oder bereits gezeichnete Profile von angrenzenden Stegen (s. S. 42) und ebenso kleine nicht völlig humifizierte Schichtteile wertvolle Hinweise geben. Es ist dies sicherlich kein Patentrezept zur Lösung dieses schwierigen Problems. Vielmehr wird man neue Wege gehen müssen, um diese Schwachstelle des Verfahrens wirklich in den Griff zu bekommen.

Nicht ganz so problematisch ist das Freilegen von Begehungsflächen, die nur mehr in isolierten Resten zwischen dicht bei dicht liegenden Störungen (Pfostengruben) erhalten geblieben sind. Doch besteht auch hier bei nur schwach ausgeprägter Schichtoberfläche die Gefahr, daß diese Trennschicht unerkannt durchstoßen und die nächsttiefere Bauschicht angeschürft wird. Dem kann durch gewissenhaftes Arbeiten im allgemeinen vorgebeugt werden, wobei die Erfahrung des/der die Freilegungsarbeiten Leitenden eine nicht zu unterschätzende Rolle spielt.

Demgegenüber stellen vereinzelte, gruppenweise zusammenliegende oder in Reihen angeordnete Störungen einer Schichtoberfläche/Begehungsfläche in der Regel kaum nennenswerte Probleme bei deren Freilegung. Ob sie von Menschenhand (Gruben jeder Art, Gräben), durch Tiere (Baue, Gänge, Krotovinen) oder durch tiefreichendes Wurzelwerk von Bäumen verursacht sind, ist unerheblich; sie alle werden im Schichtstreichen horizontal überschnitten.

Einige Mühe kann dagegen die saubere Trennung zweier Bauschichten von annähernd gleicher Beschaffenheit und Färbung bereiten, wenn ein auch vom noch wenig geschulten Auge klar erkennbarer Schichtentrenner fehlt; beispielsweise eine dunkle Kulturschicht oder eine feine Aschen- bzw. Holzkohlenlage. Die Trennschicht zwischen den fraglichen Bauschichten besteht dann in aller Regel aus einer hauchdünnen Schmutzschicht, die den Trampelhorizont markiert. Sie ist in den Profilen zumeist in Form eines feinen grauen Striches erkennbar. Bei fehlender Vorerfahrung kann eine so feine Schmutzschicht allzuleicht durchstoßen werden. Darum erscheint mir der Hinweis wichtig, daß solche durch Trampelverdichtung verfestigten Begehungsflächen im allgemeinen ausgezeichnete Scherflächen bilden. Denn mit solchermaßen verdichteten Oberflächen haben sich die nur durch die Auflast komprimierten Schüttmassen der auflagernden Bauschicht zumeist nicht verbunden. Sie platzen daher bei entsprechender Arbeitsweise – möglichst steiler Pickelschlag oder Abstich mit Spaten oder Kelle – auf der Scherfläche regelrecht in Schollen ab; zumeist begünstigt durch eine kaum wahrnehmbare Schicht feinsten Sandes, die als Schichtentrenner wirkt.

Fußböden aus einem vergleichsweise dünnen Lehmestrich sind äußerst schwer freizulegen, wenn sie einer einplanierten Versturz- oder Abbruchschicht aus lockerem, scharfkantigem Gesteinsbruch aufgetragen wurden. Infolge anhaltender Durchfeuchtung nach Auflassung des Siedlungsplatzes plastisch geworden, wurde der Tennenlehm durch die Auflast meist in die Unterlage verpreßt. Dadurch entstehen in der Regel äußerst unebene und brüchige Flächen, die selbst mit feinem Gerät und Pinsel nur unzureichend freizulegen sind. Dem kann mit Hilfe eines Staubsaugers entgegengewirkt werden.

In den ariden Klimazonen verursachen Trockenheit und Staub die meisten Schwierigkeiten. Eine geputzte Fläche trocknet in der Sonne rasch aus, so daß weniger markante Verfärbungen schnell wieder verschwinden; auch dann, wenn die Fläche mit Wasser mehrfach eingesprüht wird. Hier könnte der Einsatz hygroskopischer Salze bzw. Staubbindemittel, etwa Calciumchlorid und Magnesiumchlorid, in Frage kommen, sofern die örtlichen Gegebenheiten und umweltrelevante Fragen dies zulassen.

4.2.3 Zur Abtragung der Schichten

Für gewöhnlich werden Bauschichten, Versturz- oder Verfallsschichten sowie humose Schichten alter Oberflächen in ihrer vollen Stärke bis zur Oberfläche der sie unterlagernden Schicht abgetragen; die 'Alte Oberfläche' an der Basis einer Schichtenserie bis auf das sterile Liegende. Je nach Stärke einer Schicht erfolgt ihre Abtragung in einem Zuge oder aber in mehreren Arbeitsgängen. In bestimmten Fällen ist es allerdings erforderlich oder zumindest wünschenswert, Teile einer Schicht in getrennten Arbeitsgängen freizulegen und danach abzubauen. Es betrifft dies vor allem stark ausgeprägte Kulturschichten, Brandschichten und die schlammigen Bodensätze von Entwässerungsgräben, Traufrinnen und Wehrgräben.

Wenn sich auf Bauschichten im Laufe der Zeit aus Haushaltsabfällen, Asche und Holzkohle aus Backöfen, Herdstellen und technischen Feuerungsanlagen sowie aus Exkrementen eine schwarze Kulturschicht gebildet hat, muß diese für sich abgebaut werden. Sie bildet nicht nur einen ausgezeichneten Schichtentrenner, sondern ist auch stratigraphisch bedeutsam. Denn sie enthält alle jene Gegenstände, die im Laufe ihrer Bildungszeit verlorengingen oder weggeworfen wurden. Deshalb ist beim Abtragen der ihr auflagernden Bauschicht unbedingt darauf zu achten, daß sie möglichst nicht angeschürft wird. Wenn die jüngere Bauschicht restlos abgeräumt ist, kann mit der Wegnahme der dunklen Kulturschicht begonnen werden. Dies erfolgt mit feinem Gerät, bis die zugehörige Begehungsfläche sauber freiliegt.

Mit Brandschichten, die durch die Zerstörung einzelner oder mehrerer Gebäude oder auch ganzer Ansiedlungen entstanden sind, ist auf die gleiche Weise zu verfahren. Solche Brandschichten bestehen im allgemeinen aus einem Gemisch von Bauschutt, Asche, Holzkohlen und verkohltem Balkenwerk der abgebrannten (Holz-) Bauten. Werden die Trümmer sorgfältig freigelegt, gezeichnet und nivelliert, können sie wichtige Hinweise auf die Konstruktion von Mauer- und Hausbauten oder wenigstens der Mauerkrone bzw. des Dachstuhles geben. Auch lassen die in den Brandschutt eingebetteten Gegenstände häufig Rückschlüsse auf die Funktion der Gebäude zu, auf deren Fußböden sie angetroffen wurden.

Offene Traufrinnen und Entwässerungsgräben sowie Wehrgräben weisen in der Regel einen sandigen oder schlammigen Bodensatz auf. Dieser weiche bis zähplastische feuchte Bodensatz muß aus zwei Gründen für sich ausgeschält werden, sobald die Verfüllmassen bzw. Versturzmassen von Wandausbrüchen vollständig ausgeräumt sind. Zum einen könnten darin organische Reste erhalten geblieben sein, die in den übrigen durchlüfteten Schichten nicht mehr nachweisbar sind. Zum andern sind insbesondere Traufgräben und Entwässerungsrinnen häufig ineinandergeschachtelt oder in der Weise seitlich gestaffelt angelegt, daß die eine Kante des jüngeren Grabens innerhalb des älteren verläuft. Deshalb sollte das Ausschälen mit äußerster Vorsicht erfolgen, um die Sohle nicht zu durchstoßen und den älteren Graben anzureißen.

Absenkungen von Fußböden innerhalb der Bauten, die einmal
oder wiederholt ausgebessert wurden, sind auf sauber freigelegten
intakten Estrichoberflächen nur sehr schwer, meistens überhaupt
nicht erkennbar; sie werden in der Regel erst beim Abtragen des
Fußbodens bemerkt. Sind Estrichoberflächen beim Abtragen der
auflagernden Bauschicht aber angeschürft worden, weist ein charak-
teristischer Wechsel von unterschiedlich starken hellen und vergleichsweise dünnen dunklen Streifen (Laufflächen) auf das Vorliegen einer Ausflickung des Estrichs hin. In einem solchen Falle
ist/sind die Flickenschicht(en) bis auf die ursprüngliche Estrich-
oberfläche zu entfernen.

Nicht ausgehoben werden sollten mit Abfall, Bauschutt oder son-
stigem Material verfüllte Gruben, die gemeinhin unter dem Sammel-
begriff „Abfallgruben" zusammengefaßt werden. Ein Ausnehmen
dieser Gruben, nach Verfüllschichten wohlgemerkt, kommt nur
dann in Betracht, wenn sicher feststeht, daß der Siedlungsplatz
allenfalls zweischichtig ist oder aber die letzte Bauschicht erreicht
ist. Bei vielschichtigen Siedlungsplätzen sind die fraglichen Gruben
im Streichen der freizulegenden Begehungsfläche oder des Estrichs
horizontal zu überschneiden. Bei keiner einzigen dieser Gruben
kann, wie die Erfahrung lehrt, von vornherein ausgeschlossen
werden, daß sie in eine andere eingeschachtet ist oder, je nach Umfang und Tiefe, mehrere ältere Gruben überschneidet. Somit ist bei
einem Ausräumen oder Schneiden einer Grube zum Zwecke einer
Profilzeichnung eine saubere Trennung des Inhalts einer jeden Ver-
füllschicht nicht ohne weiteres gewährleistet, von dem an den
Schichten verursachten Schaden einmal ganz abgesehen.

Demgegenüber ermöglichen die übereinanderliegenden Planauf-
nahmen, die bei der Abtragung einer jeden Bauschicht angefertigt
werden, den Umriß der Grube(n) und der Verfüllschichten von oben
bis zur Sohle exakt darzustellen. Darüber hinaus läßt sich auf dieser
Grundlage auch ein genauer Aufriß der Grube(n) erstellen. Dieser
wiederum erlaubt, die nach Verfüllschichten sorgfältig getrennten
Kleinfunde an Hand der Koten exakt den einzelnen Verfüllvor-
gängen zuzuweisen, somit also deren stratigraphische Position
sicherzustellen.

Mit Pfostengruben und Pfostengräben von Mauerbauten und Ge-
bäuden ist auf die gleiche Weise zu verfahren. Sie dürfen nur dann
geschnitten werden, wenn zweifelsfrei erwiesen ist, daß der Siedlungsplatz einphasig oder die letzte Bauschicht erreicht ist. Das Ausräumen der fraglichen Bauspuren von oben, das gelegentlich noch

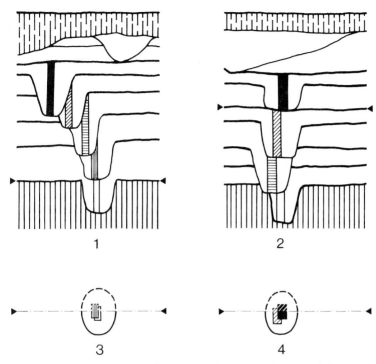

Abb. 14 Schematische Darstellung von Schnitten, 1: durch seitlich gestaffelte, 2: durch im Reißverschluß-System senkrecht übereinanderstehende Pfosten, 3.4: Grundrisse der Pfosten.

geübt wird, ist auch dann zu unterlassen. Bei mehr- bzw. vielschichtigen Siedlungsplätzen sind die Bauspuren vielmehr in Höhe der freizulegenden Begehungsfläche bzw. des Mauerstumpfes horizontal zu schneiden. Bei mehrfach senkrecht, gestaffelt oder wechselweise versetzt übereinanderstehenden Pfosten könnte sonst nur der oberste vollständig im Umriß gezeichnet werden (Abb. 14). Schon die zugehörige Pfostengrube, die erst eine Schicht tiefer auf dem eigentlichen Bauniveau sichtbar wird, wäre nur mehr zur Hälfte ihres Umrisses und im Schnitt zeichnerisch aufzunehmen. Entsprechendes gilt für alle tiefer liegenden Pfosten samt ihren Gruben.

Durch das Schneiden von Pfostengruben und -gräben vor Aufmessung der untersten Begehungsfläche bzw. des ältesten Mauerstumpfes könnten daher Lücken in den Grundrißplänen entstehen.

Dies wiederum würde Fehlinterpretationen hinsichtlich der Anzahl der vorhandenen Baustadien begünstigen.

4.3   Zur Technik der Schichtabtragung

Eine allgemeingültige technische Lösung gibt es nicht, weil jeder Siedlungsplatz eine eigene Individualität besitzt, doch bleibt das Grundprinzip überall gleich. Alle praktizierten Verfahren darzustellen ist in diesem Rahmen nicht möglich. Hier wird eine Verfahrenstechnik beschrieben, die auf verschiedenen Großgrabungen erprobt und durch den Zugewinn an Erfahrung ständig verbessert und verfeinert wurde. Sie ist als Leitlinie zur Entwicklung neuer, eigener Verfahrenstechniken zu verstehen.

Richtlinie dieser Verfahrenstechnik ist, daß der Grabungsleiter seine hauptsächliche Aufgabe darin sieht, die Abtragung jeder einzelnen Schicht selbst zu leiten, um auftretende Schwierigkeiten sofort in den Griff zu bekommen und dadurch vermeidbaren Schaden abzuwenden. Er sollte mit dieser äußerst verantwortungsvollen Aufgabe allenfalls einen Mitarbeiter beauftragen, der über annähernd die gleiche Erfahrung und den gleichen Sachverstand verfügt. Auch mangelnde Vorerfahrungen der Grabungsarbeiter mit den besonderen Bedingungen eines gewissenhaften Schichtabtrages ziehen meistens Schwierigkeiten nach sich. Doch dieses Problem läßt sich durch eine qualifizierte Schulung vor Ort überwinden. Die in diese Ausbildung investierte Zeit macht sich in Kürze durch einen reibungslosen Ablauf der Freilegungsarbeiten bezahlt.

4.3.1   Der Schichtabbau bei bekannter Schichtfolge

Liegen von einem Grabungsplatz bereits Profile vor, beispielsweise von alternierend angelegten Grabungsflächen (Abb. 15), werden diese für die Freilegungsarbeiten benutzt. Zu diesem Zweck sind von den Profilen vereinfachte Kopien anzufertigen, die nur den exakten Schichtverlauf und Bauspuren wiedergeben. Man benutzt dazu zweckmäßigerweise gegen Feuchtigkeit unempfindliche transparente Folie mit Millimeternetz oder einfache Klarsichtfolie, die seitenverkehrt mit Millimeterpapier hinterlegt wird. An Hand dieser spiegelbildlichen Profilkopien wird die freizulegende Schichtoberfläche/Begehungsfläche mit Hilfe des Nivelliers gesucht, zunächst auf der einen, dann auf der anderen Seite der Grabungsfläche. Ist sie gefunden, erfolgt die Freilegung auf der ganzen Flächenbreite von einer Schmalseite zur andern. Dabei ist die Arbeit auf der Fläche laufend mit Hilfe des Nivelliers zu kontrollieren, indem alle in max. 0,50 m Abständen am Nivellier abgelesenen und auf absolute Höhe umgerechneten Werte punktgenau auf den Profilkopien eingetragen werden. Dergestalt ist ein präzises Verfolgen der Schichtoberfläche/Begehungsfläche gewährleistet und, wenn erforderlich, eine sofortige Korrektur der Freilegungsarbeiten möglich.

Die Profilkopien werden vom Grabungsleiter bzw. dem die Freilegungsarbeiten beaufsichtigenden Mitarbeiter in entsprechend großen Feldbuchrahmen mitgeführt. Sie können aber auch auf beiden Seiten der Grabungsfläche auf Holztafeln montiert sein und gemäß dem Fortgang der Arbeiten nachgeführt werden.

Steht zu Beginn nur ein einziges gezeichnetes Längsprofil zur Verfügung, ist das eben erläuterte Freilegungsverfahren um 'Fenster' auf der Fläche als zusätzliche Suchhilfen zu erweitern (Abb. 15).

Zunächst wird auf einem meterbreiten Streifen entlang dem Profilsteg die gesuchte Schichtoberfläche/Begehungsfläche wie beschrieben freigelegt. Danach werden mit einem der Schichtstärke angepaßten Gerät 'Fenster' von Dezimetergröße in die abzutragende Schicht bis auf die gesuchte Oberfläche geschnitten; möglichst schachbrettartig, um dergestalt einen umfassenden Eindruck vom Relief der gesuchten Oberfläche zu gewinnen.

Das Ausheben eines 'Fensters' sollte mit größter Vorsicht erfolgen und sofort abgebrochen werden, wenn die Oberfläche nicht annähernd der gleichen Tiefe wie in zwei benachbarten 'Fenstern' angetroffen wird; denn dann liegt der Verdacht auf eine lokale Störung nahe. Je dichter die Anzahl der 'Fenster', desto eher und vor allem sicherer wird man lokale Störungen vom Absinken oder flächigen Ausfall einer Oberfläche/Begehungsfläche unterscheiden und entsprechend reagieren können.

Durch die Koppelung mit 'Fenstern' auf der Fläche ist es im allgemeinen möglich, eine Schichtoberfläche/Begehungsfläche zügig aufzudecken; auf naturgegebene Schwierigkeiten ist schon hingewiesen worden (S. 37). Mit der Aufdeckung beginnt man zweckmäßigerweise an dem Ende der Grabungsfläche, das der Abraumdeponie gegenüberliegt. Dadurch wird ein reibungsloser Abtransport des Abraums gewährleistet; sei es mittels Schubkarren oder Förderbändern, sei es im kombinierten Verfahren. Am

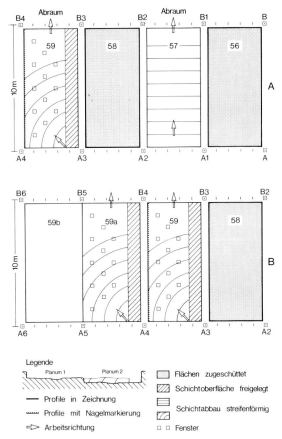

Abb. 15 Schematische Darstellung der Freilegung einer Schichtoberfläche,
A: bei alternierend, B: bei fortlaufend angelegten Grabungsflächen.

Meterstreifen entlang dem Profilsteg ansetzend, erfolgt der Schichtabtrag in nicht zu breiten bogigen Streifen. Dabei ermöglichen die
'Fenster' eine laufende Kontrolle und ggf. eine unverzügliche Korrektur.

Sobald ein natürliches Zwischenprofil vorhanden ist, wird dieses
zur Schichtsuche auf der Nachbarfläche benutzt. Zu diesem Zweck
ist der Verlauf der freizulegenden Oberfläche mittels längerer Nägel
oder Drahtstifte auf der freiliegenden Profilwand exakt zu markieren (Abb. 15). An Hand dieser Nagellinie läßt sich nun mit Hilfe

des Nivelliers die Schichtoberfläche auf der gegenüberliegenden
Seite des Steges suchen.

An Stelle des Nivelliers kann man dazu auch einen Doppelmeter
verwenden. Am Profilanfang beginnend, setzt man den Meterstab je
nach Oberflächenrelief in Abständen von max. 0,50 m auf einem
Nagel auf und liest an der Unterkante der Bohlenabdeckung des
Steges den Tiefenwert ab. Die so ermittelten Werte werden notiert
oder exakt gegenüber der Meßstelle auf die Bohlenabdeckung ge-
schrieben. Danach kann mit dem Abbau der Schicht entlang dem
Profilsteg zunächst auf einem ein Meter breiten Streifen begonnen
werden. Bei ebenem Relief müßte die Oberfläche in der ermittelten
Tiefe angetroffen werden. Bei ansteigender Tendenz kann sie über
dem gemessenen Wert, bei sinkender unter demselben liegend er-
wartet werden. Einmal gefunden, dürfte es bei klaren Schichtver-
hältnissen keine allzu große Mühe bereiten, ihr bis zum Profilende
zu folgen.

Sowie die Schichtoberfläche/Begehungsfläche auf der gesamten
Profillänge freigelegt ist, werden auf der an den Meterstreifen anschließenden Fläche 'Fenster' schachbrettartig ausgehoben; mal
mehr, mal weniger, entsprechend dem Relief der aufgedeckten
Oberfläche. Danach kann mit der flächigen Aufdeckung begonnen
werden. Sie läuft so ab wie unter 3.2 beschrieben.

4.3.2 Der Schichtabbau bei unbekannter Schichtfolge

Wenn sich der Schichtabbau auf keinerlei Unterlagen oder nur auf
Profile mit begrenzter Aussagekraft stützen kann, dann bieten sich
nicht allzu viele, im Grunde nur zwei wirkliche Lösungen für dieses
Problem an: zum einen die Anlage eines Profilschnittes durch den
gesamten Siedlungsplatz oder aber wenigstens auf die Länge einer
projektierten Grabungsfläche, zum andern der Versuch, auf einer
schmaleren Testfläche Schicht für Schicht abzuräumen und auf diese
Weise eine brauchbare Ausgangsbasis zu schaffen.

Durch einen Profilschnitt in reiner Handarbeit oder mit dem ko-
stengünstigeren Bagger läßt sich relativ rasch ein zuverlässiger Auf-
schluß über die Schichtfolge gewinnen. Als nachteilig wirkt sich
dabei der Verlust an baulichen Befunden und Kleinfunden insbesondere bei der Arbeit mit einem mechanischen Räumgerät aus.

Demgegenüber wird beim schichtweisen Abtiefen einer Testfläche allenfalls mit gewissen Verlusten an baulicher Substanz und

Kleinfunden zu rechnen sein. Außerdem verfügt der Ausgräber schließlich über vier aufeinanderstoßende Profile; dies allerdings erst nach einem gewissen Zeitraum.

Eine Entscheidung zugunsten des einen oder des andern Verfahrens sollte stets nach dem Prinzip der Effizienz, also dem Verhältnis von Aufwand und Leistung, getroffen werden. Danach nimmt die Arbeit auf der anschließenden Grabungsfläche nach der unter 3.2 oder 3.3 beschriebenen Methode ihren Fortgang.

4.4   Die Bergung und Kategorisierung der Kleinfunde

Nicht alle bei einer Ausgrabung zu Tage kommenden Kleinfunde sind von besonderer Qualität oder auf Grund ihrer Fundlage für die Stratigraphie und funktionale Ausdeutung des Befundes von Wichtigkeit. Sie können daher grob in folgende Kategorien eingeteilt werden:

1 Kleinfunde von besonderer Qualität
2 Stratigraphisch bedeutsame Kleinfunde
3 Kleinfunde von geringerer stratigraphischer Qualität
4 Kleinfunde aus Pfostengruben und sonstigen Störungen
5 Streufunde

Diese Kategorisierung der Kleinfunde ist bei paläolithischen und mesolithischen Ausgrabungen in Europa meßtechnisch nicht üblich. Prinzipiell werden die einzelnen Fundstücke exakt dreidimensional eingemessen und mit zusätzlichen Angaben über Neigung und Kippung versehen; ein außerordentlich aufwendiges und arbeitsintensives Verfahren, das zu hinterfragen wäre, wo Schichten klar erkennbar sind (vgl. Hahn, Kap. 9.5.2).

4.4.1   Kleinfunde von besonderer Qualität

Zu dieser Kategorie zählen intakte Tongefäße und Scherben, die zu einem Gefäß zusammensetzbar sind, kennzeichnende Gegenstände aus Metall, Glas, Knochen, Stein und Holz sowie Reste von Geweben und Geflechten. Außerdem gehören dazu alle Objekte, die Fernbeziehungen bezeugen.

Alle Kleinfunde dieser Kategorie werden dreidimensional eingemessen, auf der Planzeichnung punktgenau markiert, z.B. mit einem kleinen Kreuz, auf dem Rand des Zeichnungsblattes/-bogens in Höhe der Fundposition ebenso gekennzeichnet und mit einer Fundnummer versehen. Wem solche Eintragungen auf der Originalzeichnung nicht zusagen, der kann dafür transparente Deckblätter verwenden, die über zwei Meßpunkte mit der Originalzeichnung koordiniert und entsprechend beschriftet werden.

4.4.2   Stratigraphisch bedeutsame Kleinfunde

Gegenstände, die für die funktionale Deutung von Bauten aufschlußreich sind, und alle Fundobjekte von besonderer Qualität werden wie unter 4.4.1 dargelegt behandelt. Weniger wichtige Kleinfunde sollten auf möglichst kleinen Flächenabschnitten eingesammelt werden, die durch Koordinaten exakt festgelegt sind; sie können unter einer Fundnummer zusammengefaßt werden. Dieser Kategorie sind zuzurechnen:

1. Kleinfunde jeder Art, die auf der Oberfläche von Estrichen oder Begehungsflächen liegen und von Brandschutt völlig zugedeckt sind. Sie sind zur gleichen Zeit durch ein katastrophales Ereignis dem menschlichen Zugriff entzogen worden, doch kann ihre Laufzeit durchaus unterschiedlich lang gewesen sein. Diese Kleinfunde haben den Stellenwert eines „geschlossenen Fundes".

2. Kleinfunde aus der Oberfläche von Estrichen oder Begehungsflächen stehen in ihrem Quellenwert der eben behandelten Fundgruppe nicht nach. Sie sind während der Benutzungszeit auf irgendeine Weise mehr oder weniger tief in diese Laufflächen eingesunken oder eingetreten worden.

3. Kleinfunde aus „Kulturschichten". Alle Gegenstände, die vollständig in eine Kulturschicht eingebettet sind, müssen während ihrer Bildung in sie hineingeraten, also gleichzeitig mit ihr sein. Das trifft auf jene Objekte, die lediglich etwas in ihre Oberfläche eingetieft sind, nur bedingt zu. Sie können gleichzeitig sein, aber auch erst beim Aufbringen der nächstjüngeren Bauschicht auf die Oberfläche der Kulturschicht geraten und durch die Auflast in diese leicht eingedrückt worden sein. Deshalb empfiehlt es sich, diese Funde wie jene der Fundgruppe 4.4.3.1 zu behandeln.

4.4.3 Kleinfunde von geringerer stratigraphischer Qualität

Zu dieser Kategorie sind alle Fundgegenstände zu rechnen, deren Zuweisung zu einer bestimmten Begehungsfläche nicht ganz eindeutig ist, sondern mehrere Möglichkeiten offenläßt. Deshalb wird man nur besonders qualitätvolle und für die Stratigraphie belangvolle Stücke dreidimensional einmessen. Alle übrigen Gegenstände können ohne Nachteil nach kleinen Flächenabschnitten registriert werden. Dieser Fundgruppe lassen sich zuordnen:

1. Auf der Oberfläche von Estrichen oder Begehungsflächen liegende Gegenstände. Sie sind nicht von vornherein mit den baulich und zeitlich festgelegten Schichtoberflächen gleichzusetzen. Ebensogut könnten sie bei der Aufschüttung der nächstjüngeren Bauschicht verlorengegangen oder aber mit dem Schüttmaterial auf die Schichtoberfläche gelangt sein. Nach einschlägigen Erkenntnissen muß mit letzterem immer gerechnet werden, wenn das Schüttmaterial teilweise oder vollständig aus örtlichem Planierabraum besteht.

2. In den schlammigen Bodensatz von Trauf- oder Sickergräben und Entwässerungsrinnen eingebettete Objekte. Bei ihnen kann ein Nebeneinander von gleichzeitigen und aus Wandabbrüchen stammenden älteren Gegenständen nicht mit letzter Sicherheit ausgeschlossen werden.
Ebenso schwierig zu beurteilen sind jene Gegenstände, die nur leicht in die Oberfläche des Schlammsediments eingesunken sind. Es ist möglich, daß sie mit dem Schlammabsatz gleichzeitig abgesunken sind; möglich ist aber auch, daß sie beim Zuschütten der Gräben auf den Bodensatz gelangten und erst durch die Auflast des Füllmaterials in das plastische Sediment eingesunken sind.

3. Gegenstände von der Sohle von Entwässerungsrinnen und Wehrgräben. Bei dieser Fundgruppe ist aus einer Vielfalt von Gründen, u. a. Wandausbrüchen, Einschwemmung, Verfüllung, mit unterschiedlicher Zeitstellung der einzelnen Objekte zu rechnen.

4. Kleinfunde aus dem Versturz bzw. den Stummeln von Holz-Erde-Mauern sowie von Steinmauern in Schalenbauweise. Wie die Erfahrung lehrt, ist bei jedem Neubau stets ein Großteil der alten Mauerfüllung wiederverwendet worden. Es ist deshalb völlig normal, daß mit dem Neubau zeitlich übereinstimmende Kleinfunde neben mehrfach umgelagerten liegen.

4.4.4 Kleinfunde aus Pfostengruben und sonstigen Störungen

Fundmaterial aus Pfostengruben und Störungen verschiedener Art kann innerhalb der vorgegebenen Abgrenzungen ohne punktuelle Einmessung sichergestellt werden. Bei Störungen größeren Ausmaßes ist ein Aufsammeln nach festgelegten Flächenabschnitten günstiger.

Empirische Erhebungen lassen bereits mit einiger Sicherheit den Schluß zu, daß in Pfostengruben hauptsächlich umgelagertes und nur ganz selten auch zeitgenössisches Fundmaterial angetroffen wird. Das schränkt die stratigraphische Aussage dieser Materialien entscheidend ein.

4.4.5 Streufunde

Gegenstände, deren Fundlage auf dem Planum nicht ganz eindeutig feststellbar ist, müssen als Streufunde behandelt werden. Es genügt vollauf, sie nach Grabungsfläche, Planum und Tiefenlage zu kennzeichnen.

Signifikante Kleinfunde, die auf Abraumhalden aufgesammelt werden, sind ebenfalls als Streufunde einzubehalten. Sie sind unerkannt mit dem Abraum einer Bauschicht auf die Halde gelangt, weil es im allgemeinen unmöglich ist, den bei Siedlungsgrabungen auf Trockenböden meist in großer Menge anfallenden Abraum zu sieben (schlämmen). Allerdings wäre es falsch, auch dort auf Naß-Sieben mit Hilfe eines fein dosierten Wasserstrahls zu verzichten, wo durch Verkohlung oder feuchte Lagerung unter Luftabschluß Voraussetzungen für die Erhaltung organischer Reste gegeben sind; etwa in Brandschichten, Müllschichten und sogenannten 'Abfallgruben' oder im feuchten Bodenabsatz von Abwassergräben und Zisternen sowie in Brunnen. Daß diesem Tätigkeitsfeld bei Ausgrabungen in Feuchtbodensiedlungen in Mooren oder im Uferbereich von Seen eine herausragende Bedeutung zukommt, versteht sich daher von selbst.

4.4.6 Zur Bergung zerbrechlicher Gegenstände

Leicht zerbrechliche oder zerbrochene Gegenstände aller Art
werden am besten 'im Block' geborgen, um sie in der Werkstatt oder
im Labor in aller Ruhe freilegen zu können. Sie sind zu diesem
Zweck mit feinem materialgerechtem Gerät (Abb. 16; 17, 1–12), mit
Pinsel, Föhn bzw. Staubsauger oberflächlich freizulegen, nicht sau-
berzuputzen. Dabei kann manchmal der fein dosierbare Strahl eines
Wasserzerstäubers ebenfalls ausgezeichnete Dienste leisten. Anschließend ist um das freigelegte Objekt eine Rinne auszuheben,
deren Tiefe und Breite von Art und Umfang des Objekts bestimmt
wird. Dabei ist darauf zu achten, daß die nächsttiefere Begehungsfläche bzw. Oberfläche einer Bauschicht nicht oder zumindest nicht
nennenswert gestört wird. Ist dies nach Lage der Dinge, beispielsweise bei größeren Fundkomplexen von ineinanderverschachtelten
Ton- oder Metallgefäßen, nicht zu gewährleisten, müssen Vor- und
Nachteil dieser Bergungsart sorgfältig gegenüber anderen Möglichkeiten abgewogen werden; etwa dem Abbau jedes einzelnen Bruch-
stückes, welches eine laufende Numerierung der Teilstücke, Zwischenfotos und -zeichnungen erfordert und dadurch mit einem
vergleichsweise hohen Zeitaufwand verbunden ist.

Der freigestellte Erdblock samt Fundobjekt wird nun mit einer
Lage vorgeweichten Zeitungspapiers oder mit Zellstoff bedeckt und
anschließend mit Gips überzogen und ummantelt. Anstelle der genannten Abdeckmaterialien kann dünne Kunststoff-(Haushalts-)
folie oder Aluminiumfolie benutzt werden. Bei kleinen Objekten
genügt in der Regel ein einfacher Gipsmantel ohne Verstärkungsein-
lagen aus Gaze oder anderen Textilstreifen; bei größeren und
großen Blöcken sind Gipsbinden vorzuziehen. Wichtig ist, daß die
Gipsbinden straff um den Erdblock herumgelegt werden, so daß er
sich in der Gipsschale nicht mehr bewegen kann, wenn er nach dem
Untergraben und Abtrennen vom Untergrund herausgenommen
und gedreht wird. Ebenso notwendig ist die ausreichende Beschriftung und die Kennzeichnung der Nordrichtung auf dem Gipsdeckel
der Oberseite des Blocks.

Nach dem Drehen des Blocks ist die offene Unterseite auf die be-
schriebene Weise einzugipsen, um ein Austrocknen des Erdreiches
und Schäden beim Transport durch Bewegungen in der Gipsschale
sowie beim Lagern zu vermeiden. Schwere Blöcke können mit
Holzleisten armiert werden, zu deren Stabilisierung meist drei
Lagen Gipsbinden genügen. Armierungen aus Metall (Fliegengitter,

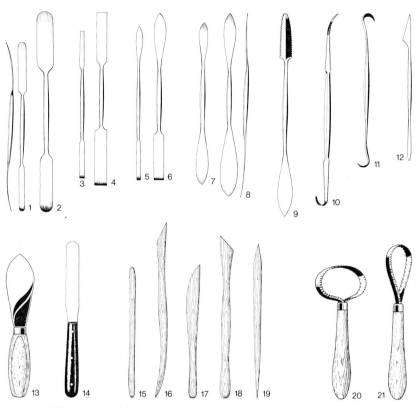

Abb. 16 Auswahl an Gerät für die Feinarbeit aus Stahl (1–14.20–21)
und Bein oder Holz (15–19). M. ca. 1 : 3.

leichte Baustahlgewebe) sollte man nur dann verwenden, wenn
spätere Röntgenaufnahmen nicht erforderlich sind. Dagegen empfiehlt sich vorsorgliches Einwickeln oder Einschweißen der Blöcke
in Kunststoff-Folie, um Feuchtigkeitsverluste während der zumeist
längeren Lagerzeit in der Werkstatt oder im Labor zu vermeiden.

Anstelle des Gipses kann für kleinere Objekte auch Bienenwachs
oder Paraffin sowie Revultex (Latex/Gummimilch) zur Bergung 'im
Block' benutzt werden. Zu diesem Zweck wird die nur leicht gereinigte Oberfläche eines Gegenstandes mit einer ausreichend großen
Aluminium-Folie abgedeckt. Nach vorsichtigem Andrücken der
Folie wird der ganze Block mit flüssigem Wachs oder mit dem leicht-
fließenden, lufthärtenden Revultex übergossen, wobei dünne

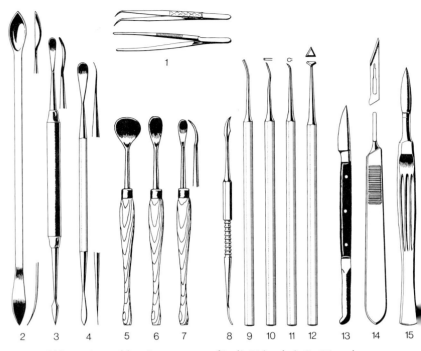

Abb. 17 Auswahl an Instrumenten für die Feinarbeit (1–12) und zum
Anreißen der Befunde auf Flächen und Profilen (13–15). M. ca. 1:2.

Holzstäbchen, Gaze oder Glasfaserwatte zur Verstärkung in das
Wachs eingebaut werden können. Bei Verwendung von Revultex
läßt man den ersten Auftrag aushärten, was mit Hilfe eines Heiz-
strahlers oder einer Lötlampe beschleunigt werden kann. Dieser
Vorgang wird unter Einbau von Verstärkungen aus Gaze so oft wiederholt, bis die gewünschte Dicke des Überzuges erreicht ist. Danach wird der Block mit einem seiner Größe gemäßen Werkzeug
oder mittels eines Stahldrahtes vom Untergrund abgelöst, aus der
Schicht herausgenommen und gedreht. Nun ist noch die offene Unterseite mit dem gleichen Material zu versiegeln und das Ganze in
einem Kunststoffbeutel zu verstauen oder in Schlauchfolie einzu-
schweißen.

Ein weiterer Anwendungsbereich für Revultex ist die Ummantelung kleiner bis mittelgroßer, in sich zerrissener Tongefäße. Bei an-
gewitterten oder mürben Gefäßscherben darf Revultex nicht direkt,

sondern nur auf einer Trennschicht aus feinem Kreppapier oder aus
Aluminium-Folie aufgetragen werden. Sonst könnten beim späteren Ablösen der im übrigen durch Einlagen beliebig zu verstär-
kenden Revultexhaut Teile der Scherbenoberfläche mitentfernt
werden. Bei noch fester, unverwitterter Scherbenoberfläche stellt
sich dieses Problem nicht. Der in der Werkstatt mit einer Schere auf-
geschnittene Überzug läßt sich problemlos von den Scherben lösen.
Dank der hohen Abformgenauigkeit dieses Materials hinterlassen
die Scherben einen unverwechselbaren Abdruck. Dies kann das
spätere Zusammensetzen des Gefäßes sehr erleichtern.

Wegen der Eigenschaft, in feinste Poren einzudringen, ist Revultex auch bestens geeignet zum Ausgießen von Hohlformen (Ne-
gativen) vergangener Gegenstände sowie pflanzlicher Abdrücke in
Sedimenten, Lehmtennen und Keramik. Vor dem Ausgießen sind
die Hohlräume und Abdrücke durch Ausblasen (nicht Pinseln) zu
säubern. Zur Abstützung des Revultex-Films kann man zusätzliche
Lagen von Polyesterharz oder Araldit auftragen.

Eine weitere Möglichkeit zur Bergung fragiler Gegenstände
bietet sich in der Tränkung mit dem im Wasserbad reversiblen Wachs
Polyäthylenglykol. Das Wachs ist weitgehend unabhängig von der
Feuchtigkeit des Objekts einsetzbar. Es läßt sich mit den nun schon
öfter genannten Materialien verstärken und ist später in der Werkstatt ohne Schwierigkeit wieder lösbar. Mit dem ebenfalls wasserlös-
lichen Holzleim Ponal oder mit Precoll lassen sich brüchige Kno-
chen- und Elfenbeinarbeiten vor Ort festigen. Zur Härtung solcher
Gegenstände kann auch Mowilith-Dispersion verwendet werden.
Das zu bergende Objekt ist völlig mit dieser Flüssigkeit zu tränken,
die den Vorteil hat, nicht sofort auszuhärten, sondern tief einzudringen.

Organisches Material wie Gewebe, Netzwerk oder Schnüre läßt
sich vor Ort mit wässeriger Zuckerlösung festigen. Sobald die sich
bildende Kruste völlig ausgetrocknet ist, können auch solche zerbrechlichen Gegenstände in geeigneten Behältnissen trocken verpackt werden. In der Regel aber wird man alle unverkohlten organischen Reste sowie Feuchtholz von baulichen Strukturen nach der
Freilegung bzw. dem Absammeln von einer Schichtoberfläche nicht
in ein Fixiermittel einbetten, sondern sofort feucht lagern; am
besten im Wasser ihrer Umgebung und unter Luftabschluß in
bruch- und auslaufsicheren Behältern.

Verkohltes Getreide und Obst, verkohlte Hülsenfrüchte, Samen
und Nüsse sollten bis zu ihrer Bearbeitung im Labor feuchtgehalten

werden, um Schrumpfung zu vermeiden. Ebenso Glas, dessen Oberflächen bei der Bergung zu irisieren beginnt.

Andere Methoden der Fundbergung wie das Einbetten in Hartschaum, das Umwickeln von Metallgegenständen mit Tesakrepp ohne isolierende Zwischenschicht oder das Härten und Festigen mit Kunststofflösungen sind wegen der damit verbundenen Risiken bei der späteren Bearbeitung in der Werkstatt nicht empfehlenswert. Ebenso sollte das Härten bzw. Festigen brüchiger Gefäßkeramik mit dem Kunststoff Mowilith möglichst vermieden werden. Denn nach einer solchen Behandlung ist, im Gegensatz zu einer Tränkung mit einer verdünnten Wasserglas-Lösung, eine chemische Analyse des Gefäßinhaltes nicht mehr möglich.

Die oben vorgestellten Methoden zur Bergung zerbrechlicher Fundgegenstände sollten zur archäologischen Routinearbeit gehören; doch leider entspricht dies noch nicht überall der Wirklichkeit des Grabungsalltags. Dagegen sollte die Bergung ungewöhnlicher Fundgegenstände und umfänglicher Objekte, die ein entsprechend aufwendiges Bergungsverfahren bedingen, nur unter Hinzuziehung oder gänzlich durch erfahrenes Fachpersonal (Restauratoren, Techniker) erfolgen; beispielsweise die Sicherung bzw. das Abnehmen römischer Wandmalereien und Mosaiken oder die 'Im-Block'-Bergung von (Steinkisten-)Gräbern und technischen Anlagen jeder Art. Ihre Bergung erfordert in der Regel außer umfangreichen Vorkehrungen eine ganze Palette flankierender Maßnahmen bis hin zur Ausschäumung spezieller Verschalungen mit Polyurethan.

Die Entnahme von kleineren Fundgegenständen 'im Block' aus einer Begehungsfläche ist im allgemeinen ohne weiteres möglich; der dabei entstehende Schaden an der Schicht hält sich in vertretbaren Grenzen. Bei größeren Komplexen müssen dagegen die Belange der Stratigraphie gebührend berücksichtigt werden.

Dies gilt auch und gerade bei Profilen. Hier kann eine Sofortbergung insbesondere stratigraphisch bedeutsamer Objekte nicht nur sinnvoll, sondern sogar zwingend erforderlich sein; vor allem dann, wenn die Gefahr des Herabfallens aus höherer Lage auf eine tiefere Schicht besteht. In einem solchen Falle ist eine zeichnerische und fotografische Aufnahme des betreffenden Profilabschnittes vor der Entnahme des Gegenstandes unumgänglich.

4.4.7 Die Verpackung und Beschriftung von Kleinfunden

Alle Kleinfunde werden vor Ort in sachgerechte Behälter verstaut. Hierbei ist zu beachten, daß zerbrechliche Fundgegenstände gegen mechanische Einwirkung besonders gesichert werden. In großen Mengen anfallende Kleinfunde, etwa Keramikscherben, Wandbewurf oder Tierknochen, können in Plastikeimern, Blechkanistern oder Holzkisten gesammelt werden. Diese Behälter erhalten im allgemeinen zunächst einen Laufzettel. Sie werden am Rand der in Arbeit befindlichen Grabungsfläche abgestellt und nach Arbeitsschluß zur Fundabteilung gebracht.

Der Laufzettel sollte folgende Angaben enthalten: Grabungsfläche, Planum, dreidimensionale Einmessung bzw. die Koordinaten des Flächenabschnittes, aus dem die Funde stammen, Tiefenlage, Kennzeichnung der Fundschicht bzw. der Fundlage, Aufzählung der Fundobjekte, Datum. Für den Laufzettel kann ein neutraler oder speziell gekennzeichneter Abrißblock benutzt werden.

Je nachdem der Personalstand oder die Zeit es erlaubt, wird der endgültige Fundzettel schon vor Ort, sonst bei der Fundbearbeitung ausgeschrieben. Letzteres hat den Vorteil, daß die Funde nach dem Waschen eine präzisere Ansprache erlauben, unbeachtet gebliebene Kleinstobjekte nachgetragen werden können. Die Angaben des Laufzettels werden übernommen, ggf. durch Skizzen von besonders wichtigen Fundstücken ergänzt. Außerdem ist in den Kopfstempel(-aufdruck) die laufende Fundnummer einzutragen. Der originale Fundzettel begleitet die Funde bis in die Werkstatt oder in das Labor, die Durchschrift verbleibt im Durchschreibeblock bei den Grabungsunterlagen.

4.4.8 Die Bergung und Aufbewahrung
von Holzkohle- und Bodenproben

Es ist üblich, Holzkohleproben aus verbranntem Balkenwerk auf und Bodenproben aus einer Begehungsfläche erst nach dem Nivellieren der Grundrißzeichnung zu bergen. Doch kann die Probenentnahme auch schon nach dem Kolorieren der Grundrißzeichnung erfolgen, wenn der Gesamtbefund dadurch nur wenig beschädigt wird und gewährleistet ist, daß keine Nivellierlücken entstehen. Bei Profilen sollten Holzkohleproben grundsätzlich nach dem

Einfärben der Profilzeichnung genommen werden. Das hat seinen guten Grund: Auch bei sorgfältigster Arbeitsweise wird es sich nicht immer vermeiden lassen, daß Schichtgrenzen mehr als zuträglich beschädigt werden. Dieses Problem stellt sich bei der Entnahme von Bodenproben nicht mit dieser Schärfe. Deshalb können Bodenproben, wenn weder Schichtgrenzen noch besondere Strukturen davon betroffen werden, schon vor dem Kolorieren der Zeichnung entnommen werden. Wichtig ist, daß die Entnahmestellen auf den Punkt exakt festgehalten und entsprechend gekennzeichnet werden. Hierfür benutzt man am besten transparente Deckblätter und koordiniert diese über zwei Meßpunkte mit den Grundriß- bzw. Profilzeichnungen. Auf diese Weise werden die Originalpläne nicht unnötig mit technischen Daten belastet.

Holzkohle muß in geeigneten Behältern verpackt werden, um Trockenrissen vorzubeugen, die durch unsachgemäße Lagerung entstehen können und eine sichere Bestimmung der Holzarten erschweren oder unmöglich machen. Staubdicht verschließbare Behälter aus Kunststoff oder Beutel aus Polyäthylen sowie verschweißbare Schlauchfolie aus demselben Material bieten hierfür die beste Gewähr. Bei Holzkohlen und verkohlten Nahrungsmitteln (Getreidekörner und Früchte), die zur Bestimmung ihres C 14-Alters bestimmt sind, ist darauf zu achten, daß sie nur in Polyäthylen-Beuteln oder in Metallfolien verpackt und aufbewahrt werden. Anderes Plastikmaterial enthält einen sogenannten Weichmacher, der in die Proben diffundieren und dadurch zu einer Verfälschung der Meßwerte beitragen könnte. Aus dem gleichen Grund sollte der Fundzettel den Proben nicht unmittelbar, sondern in einem Beutel aus dem fraglichen Material beigegeben werden.

Größere zusammenhängende Holzkohlenstücke, die sich für jahrring-(dendro-)chronologische Untersuchungen eignen (zur Zeit ab 50 Jahresringen), müssen gegen Rissebildung und Bruchgefahr gesichert werden. Durch Ummantelung mit Gips (Gipsbinden), Revultex oder Paraffin ist dies einfach und zuverlässig zu bewerkstelligen. Im Bedarfsfall läßt sich die Bruchfestigkeit durch Textileinlagen in der Ummantelung erhöhen. Ist keine Haftung der Gießmasse mit dem Objekt angestrebt, muß eine Isolierung erfolgen, am besten mit einer Aluminium-Folie. Auf diese Weise lassen sich derartige Holzkohleproben ohne Verzug und ohne großen Aufwand vor Ort ausreichend sichern. Das schließt eine spätere Härtung mit einer Lösung des hierfür bestens geeigneten, aber nicht ganz so einfach zu handhabenden Kunstharzes Desmodur im Labor nicht aus.

Zur Vermeidung von Feuchtigkeitsverlusten sollten auch die mit einer Aluminium-Folie abgedeckten Holzkohleproben sicherheitshalber in einen Kunststoffbeutel verpackt werden.

Sämtliche Bodenproben, die zur Untersuchung auf pflanzliche Reste bestimmt sind, müssen umgehend in bergfeuchtem Zustand eingesackt werden. Das gilt auch für entsprechende Proben aus Grabhügeln und selbstverständlich für alle Bodenproben aus Siedlungshorizonten von Feuchtbodensiedlungen. Die Feuchterhaltung kann auf verschiedene Weise erreicht werden, unter anderem durch Einschweißen in Folienbeutel oder -schläuche. Wenn kein Folienschweißgerät vor Ort zur Verfügung steht, sind derartige Proben in doppelt genommenen Plastikbeuteln, in Blech- und Kunststoffbehältern gegen Feuchtigkeitsverlust hinreichend gesichert; insbesondere wenn diese Behältnisse zusätzlich mit Tesapack verschlossen oder mit Vaseline abgedichtet werden.

Alle Proben erhalten auf der Grabungsfläche einen Laufzettel mit den weiter oben schon genannten Angaben. Der Zettel wird später durch den endgültigen Fundzettel ersetzt, der den Proben in einer Plastikhülle beizulegen ist, um ein Durchfeuchten zu verhindern. Die Numerierung der Proben kann zusammen mit den Kleinfunden fortlaufend erfolgen. Genauso kann man ihnen eine eigene Laufnummer geben und diese neben der Entnahmestelle auf der Feldzeichnung eintragen. Weiterhin ist es üblich, die Entnahmestelle(n) und Laufnummer(n) auf einem Transparentblatt zu vermerken, das über zwei Meßpunkte mit der Feldzeichnung koordiniert ist. Man vermeidet auf diese Weise eine Überfrachtung der Originalzeichnung mit technisch-organisatorischen Angaben, die für das Befundbild nachteilig sein könnten. Andererseits kann der Verlust schon eines dieser Transparentblätter der Auswertung zum Nachteil gereichen. Entsprechend sorgfältig sind diese Blätter daher zusammen mit der übrigen Grabungsdokumentation aufzubewahren.

4.5   Das Aufmessen und Zeichnen der Befunde
auf Grabungsflächen (Plana)

4.5.1   Vorbemerkungen

Zur Aufmessung der Befunde auf Flächen, im folgenden Plana genannt, werden derzeit eine Reihe unterschiedlicher orthogonaler und polarer Meßverfahren praktiziert. Alle Verfahrensweisen auch

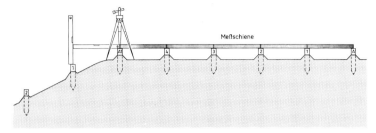

Abb. 18 Beispiel für das Setzen von Meßpfählen in Einmeter-Abständen auf gleicher Höhe mit Hilfe einer Meßschiene, auf dem Hang mittels zweier Einmeter-Wasserwaagen. Um die Pfähle Erdkegel als Stoßschutz.

nur in gedrängter Form zu beschreiben würde hier zu weit führen. Unser Ziel ist vielmehr, einige altbewährte orthogonale Meßverfahren der modernen polaren Technik, die zu einer Optimierung der Aufmeßleistung führte, gegenüberzustellen.

Grundvoraussetzung für alle Aufmeßverfahren ist eine verläßliche, zweiseitige Vermarkung der Grabungsfläche(n) mit starken Vierkantpfählen als Träger der Meßpunkt-Nägel (Abb. 15). Hierfür wird, um allen meßtechnischen Anforderungen gerecht zu werden, ein Theodolit benutzt. Die Zeiten, als man zum gleichen Zweck schlichtere Winkelmeßgeräte wie Winkelprismen oder Kreuzscheiben verwendete, sollten vorbei sein. Und ebenso ist ganz wichtig, daß die Meßpfähle in den Aufmeßverfahren gemäßen Abständen gesetzt werden: bei den nachfolgend beschriebenen orthogonalen Verfahren 1 und 2 in 1-m-Abständen, bei Verfahren 3 sowie zur polaren Aufmessung in 5-m-Abständen.

Auf ebenem bis mäßig ansteigendem bzw. abfallendem Gelände ist es zweckmäßig, die Pfähle auf die gleiche Höhe einzuschlagen; das läßt sich mit Hilfe einer 5-m-Meßschiene/-stange aus Stahl oder Leichtmetall rationell bewerkstelligen. Dadurch wird das präzise Setzen der Meßpunkt-Nägel mit Theodolit und Stahlbandmaß oder mit der Meßschiene/-stange bedeutend erleichtert. Auf stark abfallendem bzw. ansteigendem Gelände muß gestaffelt werden; eine Prozedur, die äußerste Gewissenhaftigkeit von allen Beteiligten verlangt, wenn Meßfehler vermieden werden sollen. Das Staffeln kann entweder mit einer kurzen Meßschiene oder aber mit zwei Einmeter-Wasserwaagen aus Leichtmetall durchgeführt werden (Abb. 18). Im Schnittpunkt der Visierlinie des Theodolits mit dem am Innenfuß der senkrechten Wasserwaage quer über den Pfahl ge-

zogenen Bleistiftstrich wird der Meßpunkt-Nagel eingeschlagen;
und zwar so tief, daß sich die Meßschnur gerade noch richtig ein-
hängen läßt.

Die Meßpfähle sind möglichst tief einzuschlagen, wenn sie über
eine längere Zeit tagtäglich mehrmals zum Verlegen des Meßgeräts
– Meßschnüre, Bandmaße – benutzt werden. Doch muß die zwischen zwei gegenüberliegenden Meßpfählen gespannte Meßschnur
frei über den Holzdielen hängen, mit welchen die Kanten der Gra-
bungsfläche(n) zum Schutz und zur besseren Begehbarkeit abgedeckt sind (Abb. 20. 32. 36). Es ist außerdem empfehlenswert, die
u. U. wochenlang in Benutzung stehenden Pfähle mit einem Erdkegel zusätzlich gegen Stöße zu sichern. Der Erdmantel muß soviel
vom Pfahlende freilassen, wie zur Beschriftung unumgänglich ist.
Diese sollte auf den drei von der Fläche einsehbaren Pfahlseiten erfolgen und bei den fünf Meter auseinanderliegenden Meßpfählen
Kennbuchstaben und Nummer, bei den dazwischenliegenden Pfäh-
len die laufenden Meter angeben.

Was die maßliche Genauigkeit und die zeichnerische Darstellung
des aufgemessenen Befundes betrifft, so gibt es bis heute keine verbindliche Norm. Allerdings sollte nach Meinung des Autors das Bemühen um größtmögliche Genauigkeit und naturgetreue Wiedergabe Richtmaß für jede Flächenaufmessung und -zeichnung sein.
Das hat nicht das geringste mit Streben nach sinnloser Perfektionie-
rung zu tun. Vielmehr ist darin ein geeignetes Mittel zu sehen, um
der Fehlinterpretation komplizierter baulicher Befunde vorzubeugen. Wir wollen versuchen, dies an Hand eines auf vielschichtigen Siedlungsplätzen alltäglichen Befundes zu verdeutlichen.

Auf Abb. 14 ist der Grundriß eines rechteckigen Pfostens mitsamt
Pfostengrube auf der Grundlage von sieben aufeinanderfolgenden
Plana übereinandergezeichnet. Bei der Auswertung stellt sich nun
angesichts der nur geringfügigen gegenseitigen Abweichungen die
schwerwiegende Frage: Handelt es sich jeweils um einen Pfosten
von zeitlich aufeinanderfolgenden Holzbauten? Oder handelt es
sich nur um durch Fehlmessungen und/oder unkorrekte Zeichnungen bedingte Verschiebungen ein und desselben Pfostens, also
um den Pfosten eines Bauwerks? Ohne Hilfestellung durch einen
zuverlässigen Profilschnitt (Abb. 14), der bei Befunden auf der
Fläche tatsächlich nicht gegeben ist, ist diese Frage nur dann verläßlich zu beantworten, wenn von einer präzisen Aufmessung und
zeichnerischen Wiedergabe ausgegangen werden kann.

Dieses Beispiel zeigt drastisch, wie wichtig eine zentimetergenaue Aufmessung und entsprechende zeichnerische Wiedergabe der Überreste von Holzbauten für die Interpretation des baulichen Befundes sein kann. Daraus ergibt sich:

Eine präzise Aufmessung und eine adäquate zeichnerische Wiedergabe steigern den Quellenwert der Befunddokumentation.

Eine derartige Befunddokumentation bildet darüber hinaus eine optimale Voraussetzung nicht nur für gegenwartsbezogene, sondern auch für zukünftige wissenschaftliche Fragestellungen. Es gibt keinen rationalen Grund, der gegen einen solchen Qualitätsanspruch bei Plana und, das sei vorweggenommen, bei Profilzeichnungen spricht. Da aber letztlich jede Arbeit nur so gut sein kann, wie es das Können aller daran Beteiligten zuläßt, heißt dies: Derart hohe Anforderungen setzen eine angemessene Ausbildung und ein hohes Maß an Verantwortungsbewußtsein des Meß- und Zeichenpersonals voraus.

Diese Ausbildung vor Ausgrabungsbeginn durchzuführen ist sinnvoll. Dadurch kann die Arbeit vor Ort praktisch von Anfang an reibungslos ablaufen. Wir sind uns bewußt, daß eine solche Vorabschulung des Meß- und Zeichenpersonals mit einem gewissen Zeitaufwand verbunden ist; das mag manchen davon abhalten. Aber diese Zeit ist gut investiert, nicht nur bei langfristigen Unternehmungen. Auch und gerade bei Ausgrabungen, die unter Zeitdruck durchgeführt werden müssen, bei welchen das Prinzip der Effizienz eine immer stärker ins Gewicht fallende Rolle spielt.

In die gleiche Richtung zielt das minuziöse Anreißen der Spuren auf dem Planum durch den Grabungsleiter oder einen erfahrenen Mitarbeiter. Es kann mit Hilfe einer Spitzkelle, vorteilhafter aber mit einem Schnitzmesser (Abb. 17, 13) oder einem Skalpell (Abb. 17, 14. 15) erfolgen, nachdem das Planum fotografiert ist.

Verfasser befürwortet das kontrollierte Anreißen ungeachtet gegenteiliger Ansichten hauptsächlich aus zwei Gründen. Zum einen erleichtert das Anreißen die Aufmessung der Spuren und trägt auf diese Weise zur Beschleunigung des Meßvorganges bei. Und zum andern wird dadurch eine gleichbleibende Dichte der Aufmessung sichergestellt, vor allem aber eine eigenständige Gewichtung der Spuren durch die/den Messende(n) ausgeschaltet. Letzteres ein ganz wesentlicher Gesichtspunkt, der sich insbesondere bei länger- und langfristigen Grabungen, bei welchen ein teilweiser oder vollständiger Wechsel des Meß- und Zeichenpersonals meist unvermeidlich ist, positiv auf die Befundauswertung auswirkt.

4.5.2 Orthogonale Aufmeßverfahren

1. *Das Rasterverfahren*

Als Rasterverfahren bezeichnen wir die Aufmessung eines Planums mit Hilfe eines Meßgitters von Quadratmetergröße mit Dezimeterteilung (Abb. 19). Das aus wenigen Elementen verwindungssteif zusammengesetzte Meßgerät aus Leichtmetall ist an präzise geführten Stäben in der Höhe stufenlos verstellbar und mittels einer eingebauten oder beweglichen Wasserwaage zu horizontieren. Dadurch und dank seiner beiderseitigen Bespannung mit dünnen Perlonschnüren ist es möglich, aufragende Bauteile ebenso aufzumessen wie Spuren auf abfallenden bzw. ansteigenden Flächen. Allerdings muß der Verlauf einer Spur innerhalb eines Dezimeterquadrats mit Doppelmeter und Lot eingemessen oder aber interpoliert werden, wenn die Bespannung keine farblich abgesetzte cm-Einteilung aufweist. Auch ist es bei extrem hochgestelltem Gitter für die/den Zeichnende(n) nicht ganz einfach, die Perlonschnüre im zentralen Bereich zur Aufmessung der Spuren exakt zur Deckung zu bringen, um Meßfehler zu vermeiden. Ein Schwachpunkt, aus welchem aber keinesfalls die Folgerung gezogen werden darf, daß das Meßgitter die Ansprüche an die Genauigkeit bei sorgfältiger Arbeitsweise nicht vollauf befriedigen könne.

Solche Befürchtungen sind allerdings bei nur einfach bespannten oder aus Baustahlmatten gefertigten Gittern durchaus angebracht; insbesondere, wenn diese dem Planum nur teilweise oder gar nicht aufliegen und auch nicht gelotet wird. Ohne eine Visiermöglichkeit, wie sie bei beiderseitig bespannten Gittern gegeben ist, sind dann Meßfehler unvermeidlich, die das tolerierbare Maß übersteigen können. Und weil davon ausgegangen werden darf, daß Meßfehler bei aufeinanderfolgenden Plana unterschiedlich ausfallen und meist nicht kompensierbar sind, kann dies schwerwiegende Folgen für die Auswertung komplizierter baulicher Befunde haben; wir wiesen in den Vorbemerkungen schon nachdrücklich darauf hin.

Das Meßgitter ist vergleichsweise einfach und schnell mit wenigen Handgriffen einsatzbereit zu machen. Dazu bedarf es zweier die Meßbahn begrenzender Perlonschnüre, die zwischen sich gegenüberliegenden Meßpfählen so straff wie möglich gespannt sein müssen. Von ihnen aus werden nun am besten mit Hilfe eines nicht zu leichten Zylinderlotes (Abb. 8, 3) zwei Meß-

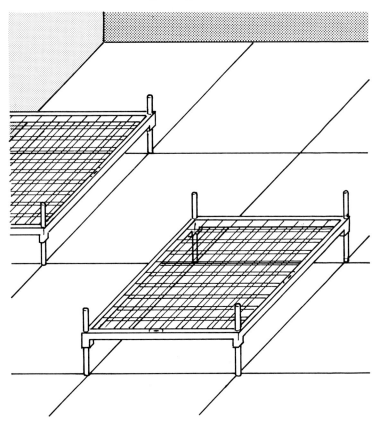

Abb. 19 Schematische Darstellung des Einsatzes von doppelt bespannten Einmeter-Zeichenrastern anhand eines Schnurgitters auf der Fläche.

punkte mit einem bestimmten Richtwert auf das Planum gelotet. Das Lot wird herausgedreht, so daß saubere Lotlöcher bleiben, in welche die Spitzen der senkrechten Führungsstäbe des Meßgitters eingesetzt werden. Nachdem der Gitterrahmen mittels der eingebauten oder einer aufgelegten Wasserwaage horizontiert und auf Übereinstimmung mit dem geloteten Richtwert überprüft ist, kann mit der Aufmessung bzw. Zeichnung der Spuren und/oder Bauteile begonnen werden.

Sind innerhalb des Meßgitters sämtliche Spuren/Bauteile gezeichnet, wird es um einen Meter entlang den beiden Meßschnüren versetzt, wobei die in der Bewegungsrichtung gesehen hinteren senkrechten Gitterstäbe in die Standlöcher der vorderen eingesetzt werden. Dieser Vorgang wiederholt sich so oft, bis das gegenüberliegende Ende der Meßbahn erreicht ist. Dann muß das Meßgitter auf die nächste wiederum von zwei Leitschnüren begrenzte Meterbahn umgesetzt werden. Diese Bahn kann nun rückläufig oder wiederum von der früheren Anlegeseite ausgehend gezeichnet werden.

Was die Einsatzmöglichkeit des Meßgitters auf einer an Wirtschaftlichkeitsgrundsätzen orientierten größeren Schichtengrabung betrifft, so sind ihr durch die Leistungsfähigkeit einer Messen und Zeichnen ausübenden Person gewisse Grenzen gesetzt. Denn Zeitaufwand und Ergebnis müssen in einem ausgewogenen Verhältnis zueinander stehen. Dies läßt sich am ehesten durch Kombination mit den nachfolgend beschriebenen Meßverfahren erreichen.

2. *Die Aufmessung mit auf dem Planum verlegtem Meßgerät*

Wir verstehen darunter das geläufige und bewährte Verfahren, Befunde jeder Art mit Hilfe des auf dem Planum verlegten Meßgeräts in Teamarbeit – Messer(in) und Zeichner(in) – aufzunehmen.

Die Installation des Meßgeräts beginnt mit dem Spannen von Schnüren zwischen den sich gegenüberliegenden Meßpfählen. Schnur für Schnur werden jeweils zwei Punkte nahe den Flächenkanten mit Zylinderloten gelotet: auf der einen Seite stets die Leitpunkte mit einem bestimmten Richtmaß zur Anlage der Bandmaße, gegenüber die Richtungspunkte. In die Lotlöcher werden Ringkopf- oder Markiernadeln aus verzinktem Eisendraht senkrecht eingesetzt und anschließend die sich gegenüberliegenden Nadelpaare mit dünnen, reißfesten Meßschnüren verbunden. Dergestalt ergeben sich in Meterabständen parallellaufende Meßlinien, deren Anzahl von der Breite der Grabungsfläche abhängt. Die Meßschnüre müssen ganz straff gespannt sein. Das macht häufig eine Sicherung der Nadeln gegen den Zug der Schnüre erforderlich, am besten mit Hilfe einer, notfalls auch von zwei, durch den Kopfring (Abb. 20) nach rückwärts geführten ebensolchen Nadel(n). Eine solche Sicherung ist vor allem dann unentbehrlich, wenn die Meßschnur nicht auf gleicher Höhe dicht über dem Planum, sondern der erforderlichen Horizontallage wegen in ungleicher Höhe an den Nadeln befestigt werden muß. Das ist insbesondere bei Plana der Fall, deren

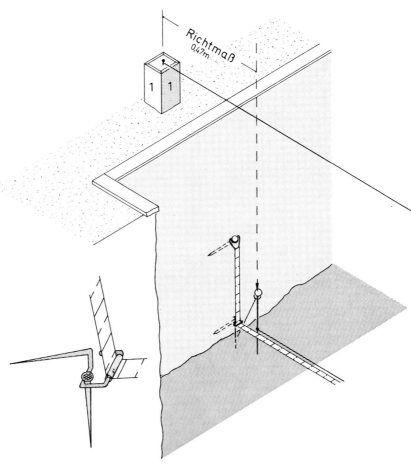

Abb. 20 Schematische Darstellung des Setzens der Leitnadel und der Befestigung von Meßschnur und Bandmaß auf dem Planum bzw. der Profilwand an Ringkopfnadeln und Spezialhaken.

Gefälle nicht senkrecht zu den Meßschnüren verläuft. Horizontallage der Meßschnüre ist geboten, um auch noch so geringe Längendifferenzen bei den Bandmaßen zu vermeiden, die auf gleicher Höhe unmittelbar neben den Schnüren zu spannen sind. Zur Horizontierung kann man das Nivellier oder auch nur eine Ein-Meter-Wasserwaage benutzen.

In diesem Zusammenhang sei noch kurz das Problem des Durch-

hängens der Meßschnüre bei wechselnder Luftfeuchtigkeit angesprochen. Es entsteht in erster Linie bei Verwendung von
unbehandeltem, aber auch bei gewachstem oder gepechtem
Schnurmaterial aus Naturfasern und verlangt daher eine laufende
Kontrolle der Schnurspannung; insbesondere bei Benutzung
von Meßschienen (s. S. 67) oder bei einem Schnurgitter (s. S. 61).
Um dieses Problem erst gar nicht aufkommen zu lassen, ver-
wendet man am besten griffige Schnüre aus Nylon oder Perlon.
Sind alle Meßschnüre befestigt, werden vom Meß-/Zeichenteam
in Schnurhöhe Ringkopfnadeln oder spezielle Bandmaßhaken
(Abb. 8,5; 20) in die Profilwände eingeschlagen. Anschließend
kann mit dem Verlegen der Bandmaße begonnen werden. Ein
Teammitglied legt zunächst das Bandmaß mit dem vorgegebenen
Richtwert an der lotrechten Leitnadel an; eine zweite Person
führt den Anfang des Meßbandes durch den Kopfring der in die
Wand geschlagenen Nadel oder durch die Halterung des Band-
maßhakens und macht das Meßband mit einem langen Eisen-
nagel (Abb. 8,4) unverrückbar fest. Danach führt das zweite
Teammitglied das Bandmaß durch die Halterungen auf der gegenüberliegenden Seite und zieht das Band, am besten mit Hilfe
eines Meßbandstraffers (Abb. 8,2), so straff wie möglich an und
macht es auf der Profilwand fest. Nachdem Band für Band auf
diese Weise verlegt ist, erfolgt eine abschließende Überprüfung
und gegebenfalls eine Korrektur des Anlegewertes an der Leitnadel, ehe mit dem Aufmessen des angerissenen Befundes begonnen werden kann.
Zum Aufmessen benutzt der/die Messende eine mit Dosenlibelle
oder Lattenrichter zur Lotrechtstellung versehene Ringkopfnadel. Damit kann jeder Befund auch von einer hochliegenden
Meßschnur aus aufgemessen werden. Gemessen wird beiderseits
der Meßschnur jeweils bis zur Mitte eines von zwei Meßschnüren begrenzten Meterstreifens, also auf eine Distanz von
max. 0,50 m. Auf diese Weise lassen sich die selbst bei sorgfältigster Arbeitsweise unvermeidlichen Winkelungenauigkeiten auf
ein zu vernachlässigendes Maß reduzieren. Nur dort, wo die
Profilstege weniger als die übliche Breite von 1 m aufweisen, muß
auf eine größere Distanz gemessen werden. In solchen Fällen ist
daher ganz besonders auf Winkeltreue zu achten.
Art und Verlauf des aufzumessenden Befundes bestimmen im allgemeinen die Anzahl bzw. Dichte der Meßpunkte. Mit anderen
Worten: Je komplizierter der Befund, desto mehr Meßpunkte

sind erforderlich, damit der/die Zeichner(in) die freihand zu ver-
bindende Strecke perfekt zeichnen kann. Im Zweifelsfalle ist es
besser, einen Meßpunkt zuviel als zu wenig zu geben. Das gilt
insbesondere für die steingerechte Aufnahme von Mauerwerk;
doch wird gerade hier stets zwischen dem Wunsch nach Effizienz
und den Erfordernissen der Befundauswertung abzuwägen sein.
Das einwandfreie Verlegen des Meßgeräts auf der Fläche kann
unter schwierigen Bedingungen ziemlich zeitraubend sein. Ein
geschultes und eingespieltes Meß-/Zeichenteam wird auch diese
Aufgabe in angemessener Zeit bewältigen. Einen wichtigen Beitrag hierzu kann die Bereitstellung eines ausreichenden Be-
standes an einschlägigem Gerät und Werkzeug (Abb. 8, 1–5.
8–11) auf den beiden Meßpfahlseiten einer Grabungsfläche leisten. Und ebenso kann viel Zeit durch geschicktes Aufmessen
und eine adäquate Zeichenarbeit eingespart werden. Ein trai-
niertes Team bringt indessen nicht nur beste Voraussetzungen für
einen reibungslosen und zügigen Ablauf der Meß- und Zeichenarbeit mit; es trägt auch zu einer hohen und vor allem gleich-
mäßigen Qualität der Feldpläne bei, neben dem wirtschaftlichen
ein nicht minder wichtiger Aspekt.
Schwierigkeiten beim Verlegen des Meßgeräts entstehen zum
einen durch starken Wind. Er kann das schon unter normalen Bedingungen nicht ganz einfache Loten sehr erschweren, mitunter
sogar zum Abweichen der Meßschnüre von der Geraden führen,
wenn diese zwischen den Pfahlpaaren nicht straff genug gespannt wurden. Diesen Widrigkeiten läßt sich durch Verwendung schwerer Zylinderlote (bis 1 kg), durch einen partiellen
Windschutz und durch Benutzung feiner, besonders zug- und
reißfester Schnüre meist wirksam begegnen. Zum andern kann
quer zur Flucht der Meßlinien aufragendes Mauer- oder Pfahl-
werk das sachgerechte Verlegen des Meßgeräts stark behindern.
Schwierigkeiten dieser Art erfordern vor allem Flexibilität vom
Meß-/Zeichenteam, um die effektivste Lösung zu finden. Das
alles spielt bei Verwendung von Meßschienen, der wir uns nachfolgend zuwenden wollen, nur mehr eine geringe Rolle.

4.5.3 Das Aufmessen mit Meßschienen und Lotnadel

Im Gegensatz zu dem eben erläuterten herkömmlichen Aufmeßverfahren wird das Meßgerät nicht einzeln, sondern an Schienen aus Stahl oder Leichtmetall befestigt. Diese sind in exakten Meterabständen mit speziellen Halterungen für die Meßschnüre und Maßbänder versehen und werden auf den Schmalseiten einer Grabungsfläche auf gleicher Höhe unverrückbar befestigt. Ihre Montage ist weder schwierig noch zeitraubend; es wäre ein Fehler, dies aus der nachfolgenden Darstellung schließen zu wollen. Ein eingespieltes Team benötigt hierfür nach unserer Erfahrung nicht mehr Zeit als für das Verlegen des Meßgeräts auf einem Planum mit bewegtem Relief gleicher Größe.

Als erstes ist auf den fraglichen Profilwänden mit Hilfe des Nivelliers je eine Ringkopfnadel auf gleiche Höhe möglichst dicht über dem ersten Planum zu setzen. Je nachdem Personal zur Verfügung steht, kann daraufhin mit der Montage einer oder beider Schienen zugleich begonnen werden. Letzteres ist unserer Darstellung zugrunde gelegt.

Die Schienen werden auf die Nadeln aufgelegt, mit einer Wasserwaage horizontiert und mit wenigstens zwei weiteren Nadeln in dieser Lage stabilisiert. Zwischenzeitlich sind die Meßpfähle in der Längs- und einmal in der Querrichtung mit Schnüren verbunden worden. Durch Loten von den Längsschnüren werden die Schienen parallel zu den Meßlinien ausgerichtet und mit Hartholzkeilen als Distanzhalter hinterfüttert; die Leitschiene mit einem Richtmaß für die Bandmaße, die Gegenschiene ohne maßliche Festlegung (Abb. 21). Die Einhängung in das Meßnetz erfolgt durch Loten von der Querschnur. Ist auch dies erledigt, können die Schienen über ihre Befestigungsplatten auf die Wände genagelt werden. Dadurch eventuell entstehende Abweichungen von der Parallelität mit den Meßlinien lassen sich durch Nachschlagen der Holzkeile korrigieren. Und schließlich sind die Schienen je nach Länge noch mit zwei bis drei langen Schienennägeln mit großen Köpfen zusätzlich gegen den Zug der Bandmaße zu sichern.

Nachdem die Meßschienen unverrückbar auf den Wänden befestigt sind, können die Meßschnüre gespannt, die Bandmaße in ihre Halterungen geschoben, an der Leitschiene mit dem Richtmaß angelegt und auf der Wand festgemacht werden (Abb. 22). Danach sind die Bandmaße so straff wie möglich anzuziehen, am besten mit

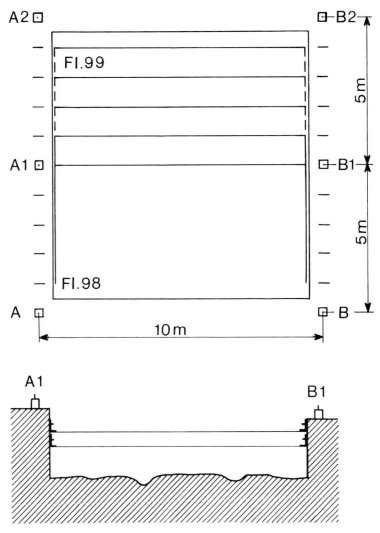

Abb. 21 Schematische Darstellung der Lage und Befestigung von Meßschienen auf nebeneinanderliegenden Grabungsflächen. Draufsicht und
Schnitt.

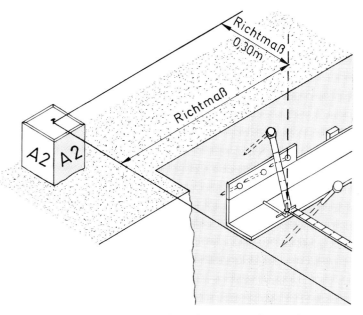

Abb. 22 Schematische Darstellung der Befestigung und Ausrichtung einer
Meßschiene parallel zur Vermessung sowie der Befestigung von Meßschnur
und Bandmaß mit dem vorgegebenen Richtmaß in der Schienenhalterung
und auf der Profilwand.

Hilfe eines Meßbandstraffers, und zu fixieren. Damit wäre die Meß-
bereitschaft erreicht.

Zum Aufmessen benutzt der/die Messende eine der Schnurhöhe
angepaßte Ringkopfnadel (Lotnadel) aus Stahl, die zur Senkrechtstellung mit einer Dosenlibelle oder einem Lattenrichter ausgerüstet ist (Abb. 23). Aus den oben S. 65 dargelegten Gründen wird von
einer Meßschnur nicht weiter als 0,50 m in beiden Richtungen in die
Fläche hinein gemessen. Ist die Aufmessung beendet, muß der
Nivellierraster mit Eisennägeln abgesteckt werden, bevor die Bandmaße und Schnüre abgespannt werden können.

Die Schnüre und Bandmaße werden aufgerollt und, wenn am gleichen Tage abermals mit der Aufmessung eines Planums zu rechnen
ist, einfach auf der die Flächenkante schützenden Diele über der
Leitschiene abgelegt; es sei denn, die Bänder und Schnüre werden
für die Aufmessung der Nachbarfläche benötigt. Selbst in diesem
Falle bleiben die Haltebolzen für die Bandmaße über der Leit-

Abb. 23 Meß-/Zeichenteam bei der Aufnahme eines Planums mit Hilfe von Meßschienen und Lotnadel (Herbertingen-Hundersingen „Heune-burg", Krs. Sigmaringen).

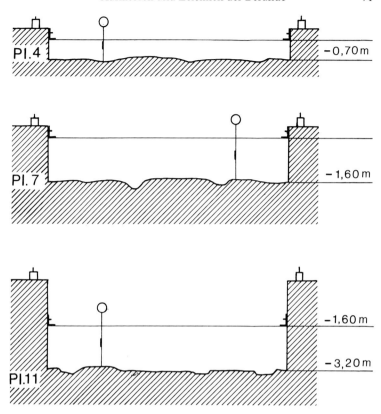

Abb. 24 Austausch der kurzen Lotnadel nach Aufmessung von Pl(anum) 4 gegen eine lange. Tieferlegen der Meßschienen nach Aufmessung von Pl(anum) 7. Letzte Bauschicht Pl(anum) 11.

schiene in der Wand, so daß die Meßbänder im Bedarfsfall schnell und maßhaltig wieder zu befestigen sind.

Der Vorgang des An- und Abspannens wiederholt sich so oft, bis sich die Bandmaße nicht mehr gut ablesen lassen. Auf unserer Graphik (Abb. 24) ist dieser Zustand bei einer Tiefe von 1,60 m unter Schienenhöhe angenommen. Die Schienen müssen demontiert und auf den inzwischen in die Höhe gewachsenen Profilwänden wie beschrieben aufs neue festgemacht werden (Abb. 24). Bei der Demontage ist unbedingt darauf zu achten, daß die langen Schienennägel am Kopf mit einer Zange aus der Wand gedreht und nicht einfach

herausgezogen werden; das könnte leicht Schäden am Profil verursachen.

Mit dem Einsatz von Meßschienen ist auch und gerade auf vielschichtigen Siedlungsplätzen ein wichtiger Schritt auf eine Rationa-
lisierung der Aufmessung von Plana getan. Auch trägt zur Ent-
lastung der Flächenvermessung bei, daß die Meßpfähle statt im
üblichen Einmeterabstand jetzt nur noch alle fünf Meter zu setzen
sind (Abb. 21).

Als nachteilig könnte allenfalls bewertet werden, daß bei einem
Wechsel der Flächengröße unter Umständen neue Meßschienen benötigt werden. Dem kann man dadurch vorbeugen, daß zur Aufmessung von zwei ohne Zwischensteg aneinanderstoßenden Flächen die Meßschienen versetzt übereinander auf die Profilwände
montiert werden (Abb. 21). Wirkliche Schwierigkeiten bereitet
einzig die Verankerung der Meßschienen auf ganz und gar steinigen
oder aus sandigen Massen bestehenden Profilwänden. Doch trifft
dies in kaum geringerem Maße auch auf die Befestigung von einzeln
verlegten Bandmaßen und Meßschnüren zu.

4.5.4 Die polare Aufmessung

Geräte zur polaren Aufmessung von Plana haben derzeit noch
nicht die Verbreitung auf den Grabungsplätzen gefunden, wie dies
auf Grund ihrer optimalen Meßleistung wünschenswert wäre.
Denn die althergebrachten Meßmethoden können mit der polaren
Aufmessung, die sich sicher weiterhin vermehrt durchsetzen wird,
nur schwer konkurrieren.

Die weltweit erste polare Feldzeichenmaschine kam 1975 unter
der Bezeichnung 'Kartomat' auf der Heuneburg an der oberen
Donau zum Feldeinsatz. Seitdem sind verschiedene Konstruktionen
mit unterschiedlichen, zumeist kleineren, Meßbereichen und Einsatzmöglichkeiten entwickelt worden. Alle Geräte werden auf prinzipiell gleiche Weise meßbereit gemacht, und ebenso läuft die Aufmessung nach dem gleichen Muster ab. Deshalb beschränken wir
uns hier auf die Darstellung dieser Arbeitsgänge an Hand der ersten
Feldzeichenmaschine mit großem Meßbereich und nahezu unbe-
schränkten Einsatzmöglichkeiten. Sie hat meßtechnisch eine neue
Dimension eröffnet.

Die Maschine ist nach der langjährigen Erfahrung des Verfassers
selbst auf schwierigem Bodenrelief (Abb. 25) in einem Bruchteil

Abb. 25 Aufnehmen eines Planums mit großen Höhenunterschieden mit dem Kartomat (Herbertingen-Hundersingen „Heuneburg", Krs. Sigmaringen).

jener Zeit aufzustellen und meßbereit zu machen, die für die Montage von Meßschienen bzw. das herkömmliche Verlegen des Meßgeräts erforderlich ist. Zur Aufmessung einer größeren Grabungsfläche hat sich die zentrale Position als am günstigsten erwiesen. Wir versuchen dies an Hand von zwei ohne Trennrippe aneinanderstoßenden 5 × 10-m-Flächen beispielhaft zu verdeutlichen (Abb. 26). Wie aus unserer Abbildung ersichtlich ist, sind die beiden Flächen in zwei gleichgroße Hälften unterteilt, in deren Zentrum ein Kreis den Standort der Feldzeichenmaschine markiert. Sie wird exakt horizontiert und ist damit meßbereit.

Zur Aufmessung der ersten 5 × 5-m-Teilfläche ist zunächst das Zeichenblatt mit der Vermessung zu koordinieren. Hierfür können zwei der in Fünf-Meter-Abständen auf den Schmalseiten der Grabungsflächen stehenden Meßpfähle benutzt werden; so lange, bis nach Aufmessung einer ganzen Anzahl von Plana der maximale Höhenverstellbereich der Maschine dies nicht mehr zuläßt. Dann müssen Hilfspunkte gelotet werden, im Hinblick auf die übrigen Teilflächen tunlichst auf der Nahtlinie der beiden Großflächen (Abb. 26). Dadurch ist es möglich, alle vier Teilflächen mit Hilfe von drei Hilfspunkten nacheinander aufzumessen.

Führen Bauspuren unter den Drehschemel bzw. das Stativ des Geräts, muß umgesetzt und das Zeichenblatt über zwei Meßpunkte neu auf die Vermessung eingerichtet werden; ein Vorgang, der nur wenig Zeit in Anspruch nimmt. Danach ist mit Hilfe des Abfahrstabes der Nivellierraster auf dem Teilplanum zu stecken. Ist auch diese Arbeit beendet und die Zeichnung vom Grabungsleiter auf Vollständigkeit überprüft, eine Selbstverständlichkeit auch bei allen orthogonalen Aufmessungen, kann auf die nächste Teilfläche umgesetzt werden.

Einige Bemerkungen noch zur Einrichtung des Zeichenblattes. Sobald der/die Messende die Spitze des Abfahrstabes auf den ersten Meßpunkt gesetzt hat, zentriert eine zweite Person den entsprechenden Meßpunkt des Zeichenblattes unter die Spitze des Zeichenstiftes. Dieser wird von der ersten Person hydraulisch gesenkt, bei korrekter Zentrierung wieder angehoben und etwas seitlich bewegt. Auf diese Weise kann die zweite Person das Zeichenblatt mit Hilfe einer Nadel punktgenau auf dem Zeichentisch fixieren und durch Drehung um diesen Pol mit dem zweiten Meßpunkt wie beschrieben koordinieren.

Der Aufmeßvorgang besteht in einem kontinuierlichen, minuziösen Nachfahren von Befunden oder Objekten jeder Art. Da-

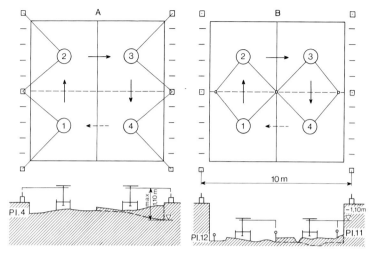

Abb. 26 Schematische Darstellung der Aufnahme zweier nahtlos aneinan-
derstoßender Grabungsflächen mit der Feldzeichenmaschine Kartomat.
Draufsicht und Schnitt. A: bei Planumstiefen bis − 1,10 m, B: ab − 1,10 m
unter den Meßpunkten. 1–4 Positionen, → Umsetzrichtung der Feldzeichenmaschine.

durch besitzen die mit einer Feldzeichenmaschine angefertigten
Zeichnungen gegenüber den orthogonal aufgemessenen den nicht
hoch genug einzuschätzenden Vorteil einer nahezu fotografischen
Treue. Denn der Zeichenstift der Feldzeichenmaschine zeichnet im
Gegensatz zur Orthogonalaufmessung nicht einzelne Punkte, sondern jede mit dem Abfahrstab nachgefahrene Spur oder Kontur in
der gewünschten Verkleinerung in einer ununterbrochenen Linie
exakt nach. Und gegenüber der terrestrischen Fotogrammetrie verfügt die Feldzeichenmaschine bei vergleichbarer Meßgenauigkeit
über den Vorzug des sofortigen Zugriffs zum Planmaterial und der
Kontrollmöglichkeit vor Ort. Sie weist das günstigste Verhältnis
zwischen Leistung und eingesetzten Mitteln auf.

Die Bedienung der Feldzeichenmaschine stellt keine besonderen
technischen Anforderungen; sie ist einfach und verlangt nur volle
Konzentration beim Abfahren der Spuren bzw. Konturen mit dem
in der Höhe stufenlos verstellbaren und mit einem beweglichen Spit-
zeneinsatz ausgerüsteten Abfahrstab. In diesem Zusammenhang erscheint mir der Hinweis wichtig, daß beim Verlassen einer Spur bzw.
Kontur der Zeichenstift hydraulisch angehoben und bei Aufnahme

einer neuen Spur bzw. Kontur wieder abgesenkt werden muß, um verwirrende Strichverbindungen zu vermeiden. Außerdem hat es sich in der Praxis als vorteilhaft erwiesen, isolierte Spuren, beispielsweise von Pfostengruben, mit senkrechten Holzstäbchen oder Ringkopfnadeln zu markieren. Diese werden nach Abfahren der so gekennzeichneten Spuren umgelegt, so daß die Gerätbedienung jederzeit verläßlich über die noch aufzunehmenden Befunde im Bilde ist. Nur durch geschickte, situationsgerechte Steuerung läßt sich die Leistungsfähigkeit einer Feldzeichenmaschine optimal ausnutzen.

Abschließend wollen wir noch unsere Zielvorstellungen bezüglich der Aufmessung von Stein- und Ziegelmauerwerk aufzeigen und Zweckmäßigkeit und Grenzen der behandelten Aufmeßverfahren verdeutlichen.

Muß Mauerwerk orthogonal aufgemessen werden, ist bei der Wahl des Aufmeßverfahrens Art, Umfang und insbesondere der Verlauf zu den Meßlinien unbedingt zu berücksichtigen. Verläuft das Mauerwerk parallel zu den Meßlinien, können alle drei beschriebenen Verfahren die Ansprüche an die Genauigkeit vollauf befriedigen. Etwas anders sieht es aus, wenn das Mauerwerk die Meßlinien schneidet und das Planum zudem hoch überragt. In einem solchen Falle bringt die Benutzung eines Meßrasters oder von Meßschienen deutliche Vorteile gegenüber dem herkömmlichen Orthogonalverfahren; nicht zuletzt wegen der schwierigen und zeitraubenden Verlegung des Meßgeräts.

Noch bessere Voraussetzungen als die beiden erstgenannten orthogonalen Meßverfahren bietet die polare Aufmessung auch und gerade bei verschachteltem Mauerwerk. Dieses läßt sich besonders effektiv aufmessen, wenn der Gerätbedienung die Arbeit durch von Mauer zu Mauer gelegte Holzstege – Doppeldielen, Leitern mit Dielen – oder durch Paletten erleichtert werden kann; Maßnahmen, die im übrigen bei der orthogonalen Aufmessung mittels Meßraster oder Meßschienen genauso greifen.

Nicht ganz einfach ist es, eine Anleitung zu geben, wie das Mauerwerk aufgemessen und gezeichnet werden soll. Das hängt entscheidend davon ab, welches Aufmeßverfahren zur Anwendung kommen kann. Üblich ist, die Mauerkrone steingerecht aufzunehmen und zu zeichnen. Bei Benutzung eines Meßrasters und im besonderen mit einer Feldzeichenmaschine ist dies weniger ermüdend und in wirtschaftlich vertretbarer Zeit zu bewältigen.

Bei den übrigen orthogonalen Aufmeßverfahren stellt sich dagegen die Kosten-Nutzen-Frage, vor allem bei ausgedehntem

Mauerwerk. Unter Berücksichtigung dieses Aspekts ist deshalb abzuwägen, ob jeder Mauerstein bzw. Ziegel exakt aufgemessen und
ebenso gewissenhaft gezeichnet werden muß. Oder ob es nicht aus-
reicht, die Mauerkrone in bestimmten Abständen zuverlässig aufzumessen und die dazwischenliegenden Steine/Ziegel in der vorgegebenen Flucht mit Hilfe weniger Meßpunkte freihand nachzutragen.
Denn zwischen den exakt aufgemessenen Mauerteilen heben sich
durch das Freihandzeichnen bedingte Meßfehler vollkommen auf.
Allerdings setzt dieses Verfahren einige Routine im Freihandzeichnen voraus, Ungeübten ist deshalb davon abzuraten.
    Eine andere Möglichkeit ist, nur die Mauerflucht sowie Absätze
der Mauerkrone und natürlich alle baulichen Besonderheiten exakt
aufzumessen, die Art des Mauer- bzw. Ziegelwerks aber an Hand
guter Fotos zu dokumentieren. Und schließlich bietet sich in der
Fotogrammetrie ein allen Ansprüchen genügendes Verfahren an.

4.5.5 Das Zeichnen der Plana

Traditionsgemäß werden bei terrestrischen Grabungen die Plana
im Maßstab 1 : 20 gezeichnet. Detailzeichnungen können in dem für
die Darstellung paläo- und mesolithischer Befunde sowie bei Ufersiedlungen gebräuchlichen Maßstab 1 : 10 angefertigt oder in noch
größerem Maßstab gezeichnet werden. Wenn auf völlige Deckungs-
gleichheit verzichtet werden kann, ist auch ein kleinerer Maßstab
(1 : 50) noch möglich.
    Alle Zeichnungen sollten, wie bereits mehrfach betont, mit
größter maßlicher Genauigkeit und annähernd fotografischer Treue
ausgeführt werden. Niveauunterschiede, zum Beispiel bei Bö-
schungen, Gräben und Gruben, kann man dadurch augenscheinlich
machen, indem die Oberkanten durchgezogen, die Unterkanten ge-
strichelt gezeichnet werden. Baufugen und größere Mauerabsätze
lassen sich durch einen stärkeren Strich hervorheben. Kurzum, man
sollte sich mit den zur Verfügung stehenden Mitteln bemühen, auch
das kleinste Detail auf der Planzeichnung für jedermann sofort
erkennbar zu machen.
    Ebenso sollten die Zeichengerätschaften handlich und zweck-
mäßig sein. Sie müssen der/dem Zeichnenden die Beweglichkeit
sicherstellen, die erforderlich ist, um jederzeit unter bestmöglichen
Sichtbedingungen die gegebenen Meßpunkte miteinander verbinden zu können. Feldbuchrahmen oder leichte Zeichenbretter für

Millimeterpapier von DIN-A3-Format erfüllen diesbezüglich alle Voraussetzungen. Auf ihnen kann die fertige Zeichnung alle weiteren Arbeitsgänge – Kolorieren, Nivellieren – durchlaufen, d. h., die Zeichnungen werden mitsamt ihrer Unterlage weitergereicht. Das sind jedes für sich keine außergewöhnlichen, in ihrer Gesamtheit aber sehr wirkungsvolle Dinge.

Soll aus Gründen der Übersichtlichkeit oder besonderer Flächengröße auf Millimeterpapier in Rollenform gezeichnet werden, sind große Zeichenbretter oder aber spezielle Zeichentische zu verwenden. Auf den erstgenannten läuft das Papier in Leichtmetallschienen und wird auf den Schmalseiten mit Stahlklammern festgehalten. Bei letzteren wird es durch Schlitze der Tischplatte gezogen und läuft unter derselben von einer feststellbaren Rolle auf die andere ab.

Zwar können auf diese Weise größere Grabungsflächen bzw. ganze Flächeneinheiten in einem aufgenommen werden. Doch ist dies nicht nur des unvermeidlichen Papierverzuges wegen, der von Streifen zu Streifen ganz unterschiedlich ausfallen kann, von zweifelhaftem Vorteil. Auch die – vergleichsweise – Unbeweglichkeit dieser Zeichenplatten ist ein wunder Punkt in einem rationalisierten Arbeitsauflauf, von der schon bei mäßigem Wind im Freien nicht ganz unproblematischen Papierfestigung ganz abgesehen.

Zum Zeichnen sollte starkes Millimeterpapier mit bräunlichem bis rötlichem Netzaufdruck verwendet werden; durch diese den Erdfarben angepaßte Tönung ist es ideal zu kolorieren und übertrifft in dieser Hinsicht wetterfestes Transparentpapier mit entsprechend eingefärbtem Millimeternetz bei weitem. Wer also hohen Wert auf das Kolorit legt, um die Beschreibung eines Planums oder Profils auf ein Mindestmaß beschränken zu können, wird tunlichst Millimeterpapier verwenden und versuchen, dieses auf zufriedenstellende Weise gegen feuchtigkeitsbedingtes Wellen zu schützen; beispielsweise durch eine leicht transportable Wärmequelle (Heiz- oder Infrarot-Strahler), die beim Zeichnen bzw. Kolorieren von einem Standort zum andern mitgeführt werden kann.

Alle Feldpläne sind stets an der gleichen Stelle zu beschriften. Teilblätter eines Planums, die zu einer Fläche zusammengesetzt werden, erhalten zunächst eine provisorische, nach dem Zusammenkleben ihre endgültige Beschriftung. Der Schriftkopf kann von Hand eingetragen, aufgestempelt oder schon vorgedruckt sein (Abb. 27). Er sollte folgende Angaben enthalten: Grabungsort und -jahr, Grabungsfläche, Planum, Maßstab und Datum, bei Gräbern

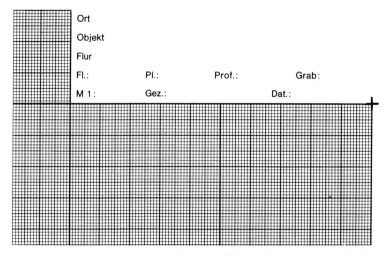

Abb. 27 Ausschnitt aus einem DIN-A3-Millimeterblatt mit eingedruck-
tem Kopf (Landesdenkmalamt Baden-Württemberg, Archäologische Denkmalpflege).

zusätzlich die Grabnummer. Außerdem müssen die Namen des an
der Fertigung beteiligten Personals stets in der gleichen Reihenfolge
genannt sein.

4.6   Das Aufmessen und Zeichnen der Profile

4.6.1 Vorbemerkungen

Im allgemeinen werden sämtliche Profile einer Grabungsfläche
aufgemessen, um ein lückenloses Profilgitter zu erhalten. Doch
kann es unter bestimmten Bedingungen durchaus sinnvoll sein, nur
eine Seite eines Profilsteges zu zeichnen, wenn dies nicht zu Lasten
einer einwandfreien Stratifizierung geht; zum Beispiel bei einer auf
ein Minimum reduzierten Schichtfolge.
    Wann der günstigste Zeitpunkt für die Aufmessung der Profile ge-
kommen ist, hängt von verschiedenen Faktoren ab. Allgemeingültige Regeln hierfür gibt es nicht; es ist vor allem eine Entscheidung,
welche der/die Ausgräber(in) insbesondere unter dem Aspekt der
Zweckmäßigkeit, aber auch unter Berücksichtigung des Aufmeßver-

fahrens zu treffen hat. Hier können deshalb nur einige Anhalts-
punkte gegeben werden.

Wenn Profile wegen der zu erwartenden Höhe abschnittsweise
aufgenommen werden müssen, sollte mit der Aufmessung des ersten
Abschnittes spätestens begonnen werden, wenn die Profilwand 3 m
Höhe erreicht hat. Sie kann dann von einem Laufsteg aus noch problemlos geputzt und aufgemessen werden. Ein solcher Laufsteg ist
schon für Profile von geringerer Höhe vonnöten, um in jeder Hinsicht effektiv arbeiten zu können. Er läßt sich mit Sprossenleitern
und Dielen erstellen, vor allem aber mit Normteilen aus Stahl oder
Leichtmetall mit wenigen Handgriffen installieren und bei Bedarf
anderswo erneut aufstellen. Kurzum: man sollte alles tun, um die
Putz- und Meßarbeit zu erleichtern und sicher zu machen.

Mit dem Glattputzen beginnt man vernünftigerweise am oberen
Profilrand; so wird vermieden, daß bereits geputzte Teile wieder
eingeschmutzt werden. Auch dieser obere Abschluß, also die rezente Humuszone, sollte stets ordentlich geputzt sein. Insbesondere ist aber auf scharfe, saubere Winkel beim Zusammenstoß
zweier Profile zu achten. Dies ist für die zweifelsfreie Verbindung
der einzelnen Schichten von großer Bedeutung.

Zum Glätten der Profilwand verwendet man vorteilhaft stets der
jeweiligen Schichtstruktur angepaßte Geräte: von der feinen Spach-
tel bis zur breitflächigen Kelle oder eigens zugeschliffenen Klapp-
spaten, mit welchen sich feinkörniges Material bahnenweise glatt-
schaben läßt. Schwieriger zu säubern sind stark mit Steinen durch-
setzte oder ganz aus Bauschutt bestehende Schichten. Hier kann ein
Allzweck- oder Gewerbestaubsauger hervorragende Dienste leisten.

Aus welchen Schichten eine Profilwand auch immer bestehen
mag, es darf als allgemeine Regel gelten, daß die letzte abschließende
Glättung stets parallel zu den Schichtgrenzen erfolgen sollte. Auf
diese Weise treten die Schichtgrenzen klar hervor.

Profile, die nach Erreichen der natürlichen Oberfläche den fraglichen Richtwert nur wenig überschreiten, können gleich nach dem
Nivellieren des letzten Planums zur Aufmessung vorbereitet, also
geputzt werden. Eine Profilaufnahme zu diesem frühestmöglichen
Zeitpunkt hätte einerseits den Vorteil, daß die von oben bis unten
noch erdfeuchten Profilwände ohne jede oder allenfalls nur kurze
Einwässerung mit geeignetem Werkzeug glatt zu putzen wären. Andererseits könnte der von Grabungsfläche zu Grabungsfläche sich
wiederholende Wechsel von der Plan- zur Profilaufmessung den Ar-

beitsrhythmus stören und dadurch die Effizienz der Grabung beeinträchtigen, ein Gesichtspunkt, der oft vernachlässigt wird.

Die Aufmessung der Profile in einem Zuge nach Abschluß der Arbeiten auf der letzten Grabungsfläche wäre das entgegengesetzte
Extrem. Hierbei besteht die Gefahr des völligen oder partiellen Aus-
trocknens zumindest der längere Zeit offenliegenden Profile. Zwar
ließe sich der Verdunstungsprozeß, wie einschlägige Versuche
zeigten, durch Einsatz verdunstungshemmender chemischer Mittel
oder hygroskopischer Salze wirksam verlangsamen; doch bleibt ein
Unbehagen des Umweltschutzes wegen. Vielfach dürfte zum gleichen Zweck schon häufiges Wässern der Profile ohne feuchterhal-
tende Zusätze ausreichen, wenn es in nicht zu großen Abständen erfolgt. Auch kann man die Profilwände zusätzlich mit Plastikplanen
abdecken.

Welchen Zeitpunkt für die Profilaufnahme der/die Ausgräber(in)
immer wählt, wichtig ist, daß er sich für die effektivste Alternative
entscheidet.

4.6.2   Die Aufmeßverfahren

1. Müssen die Profile mit Hilfe eines doppelt bespannten Meßrasters (Meßgitters) oder im traditionellen Orthogonalverfahren
   aufgemessen werden, sind in einem ersten Schritt horizontale
   Meßlinien in Meterabständen auf der Wand zu verlegen. Hierfür
   sind eiserne Höhenbolzen bzw. Ringkopfnadeln möglichst kan-
   tennahe und millimetergenau auf festgelegten Höhenwerten
   über NN (normal Null) zu setzen; bei zwei ohne Trennrippe
   aneinanderstoßenden 5 × 10-m-Grabungsflächen auch auf deren
   Nahtstelle (Abb. 28). Man verwendet hierfür am besten ein
   automatisches Nivellier und eine leichte, schmale Nivellierlatte
   mit Lattenrichter zur Senkrechtstellung. Die Höhenbolzen bzw.
   Ringkopfnadeln werden horizontal mit gewachsten oder aus
   Kunstfaser bestehenden Schnüren straff verspannt. Zusätzlich
   können die laufenden Meter senkrecht abgeschnürt werden, wodurch auf der Profilwand ein Schnurgitter entsteht; es erleichtert
   die Arbeit mit dem Meßraster und begünstigt die Einregelung
   des Zeichenblattes in die Flächenvermessung. Zum Abloten der
   laufenden Meter sind zwischen den sich gegenüberliegenden
   Meßpfählen der die Flächen begleitenden Meßpfahlreihen
   Schnüre zu spannen; am besten Pfahlpaar für Pfahlpaar. Die Lot-

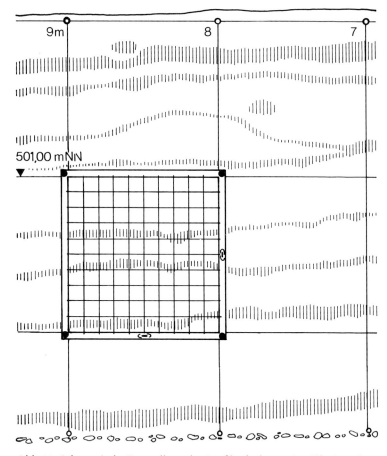

Abb. 28 Schematische Darstellung der Profilaufnahme mit Hilfe eines doppelt bespannten Einmeter-Zeichenrasters. Profilwand in Meterabständen abgeschnurt.

punkte werden mit Ringkopfnadeln markiert und mit Schnüren verspannt.

Auf den nicht mit Meßpfählen besetzten Profilstegen sind zunächst die laufenden Meter mit Ringkopfnadeln abzustecken. Diese Nadeln müssen absolut lotrecht stehen und gegen den Zug der dazwischen zu spannenden Schnüre gesichert werden; am effektivsten durch eine zweite Nadel, die man von vorn durch den Kopfring der ersten schräg abwärts in den Profilsteg drückt. Danach kann gelotet und die Wand vertikal verschnürt werden.

2. Bei der traditionellen Orthogonalaufmessung sind je nachdem Bandmaße, auch Meßbänder genannt, unmittelbar ober- oder unterhalb der Meßschnüre zu verlegen. Sie werden in den Ecken der Profilwand aufrechtstehend um spezielle Bandmaßhaken oder eigens abgewinkelte Ringkopfnadeln geführt, so daß die Maßeinteilung von einem Eck zum andern einwandfrei abzulesen ist. Notfalls müssen die Bandmaße mit Krampen oder abgewinkelten Drahtstiften in dieser aufrechten Stellung stabilisiert werden. Anschließend wird Band für Band, mit dem unteren beginnend, mit dem Richtwert am Lotpunkt angelegt und gestrafft. Es ist fast überflüssig zu erwähnen, daß mit dem Aufmessen erst begonnen werden sollte, wenn alle Bandmaße auf den richtigen Anlegewert überprüft und ggf. korrigiert worden sind.

Bei kürzeren Profilstrecken werden an Stelle von Bandmaßen Gliedermaßstäbe benutzt. Hier wäre anzumerken, daß nicht die gebräuchlichen, sondern spezielle, stabile Gliedermaßstäbe verwendet werden sollten. Auch sie müssen in nicht zu großen Abständen mit Krampen oder Drahtstiften unterstützt und in aufrechter Stellung gehalten werden. Darüber hinaus sind sie so zu befestigen, daß auch eine unbeabsichtigte Berührung keine Verschiebung gegenüber dem geloteten Richtwert bewirken kann. Doch ist es zweckmäßig, den Lotpunkt mit einer Ringkopfnadel dauerhaft zu markieren, um gegen alle Eventualitäten gesichert zu sein. Auf diese Weise ist überdies jederzeit eine visuelle Kontrolle möglich.

Sind auf einer Profilwand viele Bandmaße und Meßschnüre zu verlegen, kann sich der Einsatz von Meßschienen lohnen. Allerdings wird ihr Gebrauch nicht die bei den Plana hervorgehobene Zeitersparnis bringen; handelt es sich doch nur um eine einmalige Nutzung. Ob das Aufwand-Nutzen-Verhältnis für oder gegen den Einsatz von Meßschienen spricht, bleibt daher in erster Linie eine Frage der persönlichen Abwägung.

3. Auf der Profilwand sind die Meßschienen sinngemäß nach dem für die Horizontalaufmessung beschriebenen Verfahren (s. S. 67) zu montieren (Abb. 29). Sie werden in den Ecken der aufzumessenden Profilwand mit Hilfe einer Wasserwaage lotrecht aufgestellt und auf der gleichen absoluten Höhe auf die Wand genagelt; die Leitschiene mit dem geloteten Richtwert, so daß die Koordinierung der fertigen Zeichnung mit der Flächenvermes-

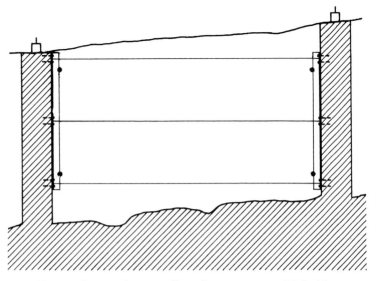

Abb. 29 Schematische Darstellung der Montage von Meßschienen
auf einer 5 m langen Profilwand.

sung gewährleistet ist. Das Aufstellen der Meßschienen funktioniert allerdings nur reibungslos unter der Voraussetzung, daß die
Profilecken sauber ausgearbeitet sind; sonst müssen die Schienen
mehr als unvermeidbar mit Holzkeilen ausgerichtet werden, was
Zeit in Anspruch nimmt.
Abb. 30 zeigt eine 2 × 5-m-Profilstrecke mit den üblichen Schienen in den Ecken und einer flachen Schiene auf der Nahtstelle der
beiden Flächenhälften. Diese dritte Schiene ist nicht unbedingt
erforderlich; doch hilft sie, alle Ansprüche an eine einwandfreie
Spannung der Bandmaße und Meßschnüre zu befriedigen.
Durch die Montage der Meßschienen in den Ecken der Profilwand werden entsprechend der Schienenbreite zwangsläufig die
ersten bzw. letzten drei bis vier Zentimeter der Profilstrecke verdeckt. Sie müssen nach Abnahme der Schienen nachgetragen
werden; eine gewisse Schwachstelle, die gemessen an den Vor-
zügen mit einzeln verlegten und auf gängige Weise befestigten
Bandmaße nicht überbewertet werden sollte. Im übrigen kann
diese Schwierigkeit auch dadurch unterlaufen werden, daß man
für die Meßschienen an Stelle von Winkelstahl schmale Vierkant-

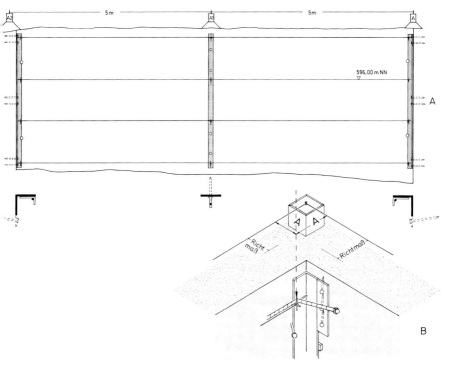

Abb. 30 Aufmessung von zwei 5 × 5-m-Profilstrecken mit Hilfe von Meß-schienen. A: Schema der Schienenmontage auf der Profilwand, B: der Ausrichtung der Leitschiene und der Befestigung des Meßgeräts in der Schienenhalterung und auf der Wand.

rohre verwendet, die einen kaum nennenswerten Streifen der Profilwand verdecken.

4. Zur polaren Aufmessung eines Profiles muß die bisher hori-zontal eingesetzte Feldzeichenmaschine auf einen zur Vertikal-messung geeigneten Geräteträger umgerüstet werden; ein Vor-gang, der nur wenige Minuten in Anspruch nimmt. Auch die Horizontierung des Geräts und die ebenso wichtige Ausrichtung des Zeichentisches parallel zur Flächenvermessung, also die un-umgänglichen Vorbereitungen zur Erreichung der Meßbereit-schaft, sind von einem eingespielten Team selbst unter schwie-rigen Bedingungen in relativ kurzer Zeit zu bewältigen. Danach liegt es an der Bedienung, ob die Möglichkeiten dieses modernen Geräts voll genutzt und schnell umgesetzt werden.

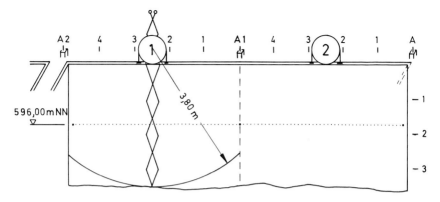

Abb. 31 Schematische Darstellung der Positionen (1.2) der Feldzeichen-maschine Kartomat zur Aufnahme von zwei aneinanderstoßenden Profil-strecken von oben. ● .... Leitnadeln auf gewähltem Horizont.

Zur Aufmessung einer fünf Meter langen Profilstrecke genügen im allgemeinen zwei auf einem beliebigen Horizont über NN ge-setzte Ringkopfnadeln. Allerdings funktioniert das nur, wenn eine Nadel mit einem Richtwert gelotet ist. Diese dient dann nicht nur der Horizontierung, sondern auch der Einhängung des Zeichenblattes in die Flächenvermessung. Andernfalls muß man sich hierfür des Nagels eines Meßpfahles bedienen.
Stoßen zwei jeweils 5 m lange Profilwände in gerader Flucht auf-einander, ist auf der Nahtstelle der beiden Flächen eine dritte Ringkopfnadel zu setzen (Abb. 31). Diese Nadel ist sowohl zur Horizontierung als auch zur Koordinierung des für jede Flä-chenhälfte verwendeten Zeichenblattes mit der Flächenvermes-sung zu benutzen.
Je nach Höhe eines Profils stehen mehrere Aufmeßmöglichkei-ten zur Wahl:
        die Aufmessung von oben herab (Abb. 31; 32):
        – vom Fuß der Profilwand aus (Abb. 33),
        – im kombinierten Verfahren.
Die Aufmessung einer Profilwand von oben herab empfiehlt sich für Wandhöhen bis 2,50 m bei maximal fünf Meter Breite. Der Zeichentisch verdeckt in dieser Position keine Stelle des Profils (Abb. 32). Das hat den großen Vorteil, daß das Gerät im Gegen-satz zur Aufstellung am Fuß einer Profilwand nur zwecks Auf-messung einer weiteren 5-m-Strecke umgesetzt werden muß.

Abb. 32 Profilaufnahme mit der Feldzeichenmaschine Kartomat von oben herab (Herbertingen-Hundersingen „Heuneburg", Krs. Sigmaringen).

Abb. 33 Profilaufnahme mit der Feldzeichenmaschine Kartomat vom Fuß der Profilwand (Herbertingen-Hundersingen „Heuneburg", Krs. Sigmaringen).

Damit ist ein gewisser standortbedingter Nachteil dieser Gerätposition angesprochen, dem der Vorteil eines deutlich größeren Meßbereiches gegenübersteht; besonders dann, wenn das Gerät auf einer höheren Normpalette und nicht auf dem Boden aufgestellt wird. Dies zeigt sich darin, daß aus dieser Position Profile bis zu 4 m Höhe aufgemessen werden können.

Auf unserer Abb. 34 ist versucht, das eben Gesagte am Beispiel von zwei in gerader Flucht aneinanderstoßenden 5 × 5-m-Profilstrecken exemplarisch darzustellen. Übrigens muß zum Standortwechsel das Gerät nicht abgebaut werden, wenn die Palette annähernd horizontal verlegten Dielen aufliegt. Dann nämlich kann die ganze Einheit bei eingefahrenem und gesichertem Ausleger und abgenommenen Kontergewichten auf dieser Dielenbahn vom alten zum neuen Standort geschoben werden.

Um es deutlich zu sagen, das Aufmessen derartig hoher Profilwände stellt auch bei Benutzung einer Feldzeichenmaschine einige Probleme; sie liegen nicht auf dem meßtechnischen, son-

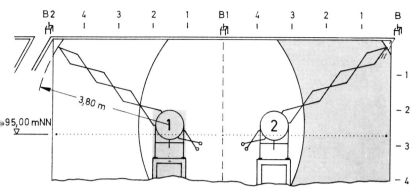

Abb. 34 Schema der Aufmessung von zwei aneinanderstoßenden Profilstrecken vom Fuß der Profilwand mit einer Feldzeichenmaschine 1–2: Positionen der auf einer Palette stehenden Maschine, ● ... Leitnadeln auf
gewähltem Horizont.

dern auf dem arbeitstechnischen Sektor. Sie erfordern nämlich
Vorkehrungen, die der Gerätbedienung ein risikofreies Arbeiten
ermöglichen; einen stabilen Laufsteg zumindest, von welchem
aus der obere Wandteil unbedenklich aufzumessen ist. Dafür
bietet sich ein Steckrahmengerüst aus Stahl- oder Leichtmetallrohren an. Solche Gerüste sind in beliebiger Größe einfach auf-
und wieder schnell abzubauen oder auch in einem umzusetzen.
Sie sollten auf jeder Seite mit einem Rohr zur Erhöhung der
Standsicherheit abgestützt werden. Das gilt auch für einfachere
Leitergerüste aus Holz- oder Leichtmetall mit einem Laufsteg
aus doppelt verlegten Dielen.
Noch höhere Profilwände können im kombinierten Aufnahmeverfahren, also durch Messung von oben und von unten, bewältigt werden. Sie bedingen ebenfalls sichere Laufstege für die Bedienung des Geräts. Doch wird man sich, wenn eine derartige
Profilhöhe vorhersehbar ist, überlegen müssen, ob eine etappen-
weise Aufmessung nicht vorteilhafter ist.

4.6.3 Das Zeichnen der Profile

Nachdem die Höhenbolzen bzw. -nadeln auf der Profilwand gesetzt sind, kann fotografiert und angerissen werden. Das läßt sich am besten bei noch erdfeuchten oder gut eingewässerten Profilen verwirklichen, weil die Schichten und Strukturen in diesem Zustand in aller Regel am deutlichsten zu erkennen sind. Sind die Grenzen einer Störung dennoch nicht mit ausreichender Sicherheit erkennbar, kann Aufheizen mit Hilfe eines Heiz- bzw. Infrarot-Strahlers wertvolle Dienste leisten. Denn dadurch trocknet der intakte Bereich rasch oberflächlich ab, während die Störung infolge einer andersartigen Porosität und Gefügeform weiterhin Wasser anlagert. Sie bleibt feucht und hebt sich dadurch von ihrer trockenen Umgebung ab; ihr Umriß kann mit zureichender Genauigkeit angerissen werden. Anschließend ist der fragliche Wandbereich mittels einer tragbaren Druckspritze, deren Sprühstärke fein eingestellt werden kann, mit Wasser einzunebeln.

Das gewissenhafte Anreißen ist nach unserer Auffassung eine unerläßliche Voraussetzung, um eine perfekte und, nicht weniger wichtig, gleichgewichtige Profilaufnahme sicherzustellen. Wir haben diese nicht von jedermann uneingeschränkt geteilte Ansicht bereits im Rahmen der Aufmessung von Plana (s. S. 60) diskutiert.

Für die Aufmessung und Wiedergabe der Profile gibt es keine allgemeingültigen Regeln. Doch ist nicht nur Zuverlässigkeit der Aufmessung von besonderer Wichtigkeit. Auch um eine perfekte und vor allem einheitliche Wiedergabe wird man sich bemühen müssen. Das gilt auch und gerade für Profile, die im Verlauf mehrerer Grabungskampagnen unten angesetzt werden müssen. Denn die Aussagen der Profile haben nur dann den gleichen Stellenwert, wenn ihre Vergleichbarkeit uneingeschränkt gewährleistet ist. Deshalb bilden unreflektierte, minuziös aufgemessene und einheitlich wiedergegebene Profile eine elementare Voraussetzung für eine erfolgreiche und unanfechtbare Befundauswertung.

Diese Aufgabe kann nur praxisnah geschultes Personal wirklich bewältigen. Deshalb wird dies auch und gerade bei langfristigen Grabungen, wo ein Wechsel des Meß- und Zeichenpersonals zumeist unvermeidlich ist, besonders zu bedenken sein. Durch Mitzeichnen und -kolorieren vor Ort während einer gewissen Zeitspanne kann Neulingen der Einstieg bedeutend erleichtert werden. Sie gewinnen auf diese Weise die notwendige Sicherheit und Routine für die spätere eigenständige Arbeit.

Ein weiterer an sich selbstverständlicher Grundsatz sollte ebenso beachtet werden: der gewissenhaften Überprüfung der Profilzeichnung durch den Grabungsleiter. Erst danach kann das Meßgerät abgespannt bzw. die Feldzeichenmaschine zur Aufmessung eines neuen Profils umgesetzt werden.

Die Profilzeichnungen sind entsprechend den Plana zu beschriften oder mit einem Stempelaufdruck zum Eintragen der einschlägigen Daten zu versehen; doch kann der Schriftkopf auch schon vorgedruckt sein.

Werden Profile im Verlauf mehrerer Grabungskampagnen abschnittsweise von verschiedenen Zeichnern bzw. Arbeitsgruppen aufgenommen, müssen die Namen aller daran Beteiligten in der vorgegebenen Reihenfolge aufgeführt werden. Manchmal werden auf der Zeichnung zudem die einzelnen Aufnahmeabschnitte gekennzeichnet.

4.7 Das Kolorieren der Plana- und Profilzeichnungen

Vor Beginn des Kolorierens ist unbedingt darauf zu achten, daß das Planum bzw. Profil noch ausreichend feucht ist und die Farben entsprechend frisch sind. Sonst ist durch Einnebeln mit Wasser für eine Auffrischung der Farben zu sorgen. Wenn während des Kolorierens durch fortschreitende Austrocknung die Farben zu verblassen drohen, ist dem durch einen erneuten Wassernachschub mittels einer Baumspritze vorzubeugen und dies ggf. zu wiederholen.

Über die Farbgebung von Plana und Profile gibt es ganz unterschiedliche Auffassungen. Die einen befürworten das farbliche Herausheben wichtig erscheinender und das Zurücktreten für unwesentlich erachteter Befunde, ebenso das Hervorheben von Grenzlinien. Wir halten eine solche interpretierte und nur annähernd der Wirklichkeit entsprechenden Farbgebung für kaum weniger problematisch als eine 'durchdachte' Plan- oder Profilzeichnung. Ausgehend von der Überlegung, daß dies leicht zu einer weder rückgängig zu machenden noch kompensierbaren Fehlinterpretation führen könnte, empfehlen wir, Plana und Profile so naturgetreu wie möglich zu kolorieren. Hierfür bieten geschulte Kolorist(inn)en die beste Gewähr. Sonst kann der bei langfristigen Ausgrabungen zumeist unvermeidliche personelle Wechsel zu völlig unterschiedlichen Ergebnissen führen, welche die spätere wissenschaftliche Auswertung erschweren. Man ist also gut beraten, ver-

stärkte Anstrengungen in dieser Hinsicht zu unternehmen. Nur wer
Vertrauen in sein Können hat, kann auch eine optimale Leistung
bringen. Sie kommt der Qualität und damit der wissenschaftlichen
Auswertung zugute.

Nach dem Kolorieren ist bei den Plana und Profilen noch die
Oberflächen- bzw. Schichtstruktur mittels Bleistift oder auch Buntstift darzustellen; je genauer und detaillierter dies geschieht, desto
größer der Informationsgehalt der farbigen Zeichnungen. Steine
werden im allgemeinen nicht koloriert, sondern gemäß der Gesteinsart mit den üblichen Symbolen gekennzeichnet. Doch empfiehlt es sich, verbautes oder zu Bodenbelägen benutztes Steinmaterial, das Brandspuren aufweist, entsprechend zu tönen. Schließlich
ist/sind auf der kolorierten Zeichnung der/die Namen des/der Ko-
lorist(inn)en zu nennen.

4.8   Die Beschreibung der Plana und Profile

Jede Plan- und Profilzeichnung bedarf einer mehr oder weniger
umfassenden Erläuterung. Sie bildet für den wissenschaftlichen
Bearbeiter die Hintergrundinformation, die er zum besseren Verständnis der Feldpläne benötigt. Es ist eine Faustregel, daß die Beschreibung um so detaillierter ausfallen muß, je weniger Informationen eine Zeichnung enthält. Sie sollte das beinhalten, was aus der
kolorierten Zeichnung nicht oder nicht deutlich genug zu ersehen
ist. Umgekehrt kann die Erläuterung zu einer perfekten Zeichnung
auf ein Mindestmaß reduziert werden; nämlich auf Angaben über
Konsistenz, Gefüge, besondere Mineralanreicherungen und Ver-
dichtungen der Oberflächen, um nur die wichtigsten zu nennen.
Allerdings kann keine noch so gute Beschreibung, wie die Erfahrung lehrt, ein vollwertiger Ersatz für eine mit Einzelheiten ange-
reicherte Plan- oder Profilaufnahme sein. Sie ist die primäre Quelle
für die wissenschaftliche Bearbeitung der baulichen Befunde, der
die entscheidenden Informationen entnommen werden. Die Erläuterungen fördern und unterstützen den Entscheidungsprozeß und
eröffnen auch immer wieder über das Bauliche hinausführende
Aspekte.

Von einer stratigraphischen Wertung und insbesondere einer Einordnung in den Gesamtzusammenhang ist wegen der Gefahr einer
Fehldeutung, die sich leicht aus einer unzureichenden Beurteilungs-
grundlage ergeben könnte, dringend abzuraten. Dies führt im all-

gemeinen nur zur laufenden, dem jeweiligen Erkenntnisstand angepaßten Korrektur der Eintragungen. Die stratigraphische Einordnung der einzelnen Schichtglieder sollte deshalb erst dann erfolgen, wenn die Zusammenhänge auf längere Strecke durchschaubar sind.

Die Beschreibung bzw. Erläuterung der Plana und Profile wird im allgemeinen auf unterschiedliche Weise gehandhabt. Die einen benutzen dafür genormte Formblätter mit Schriftkopf, die sämtliche für die Auswertung notwendigen Querverweise enthalten; die andern bevorzugen ein handliches Tagebuch. Vielfach wird die Beschreibung auch auf ein Tonband gesprochen und nach der Abschrift den Feldplänen beigelegt. Auch transparente Deckblätter, die mit der Originalzeichnung über wenigstens zwei Meßpunkte koordiniert und entsprechend beschriftet sein müssen, werden verschiedentlich dazu benutzt, Grundriß- und Profilzeichnungen zu kommentieren.

Je nach Organisationsstruktur einer Grabung kann der Zuständigkeitsbereich wechseln: von der Grabungsleitung auf die Aufsicht auf der Fläche bis hin zum entsprechend vorgebildeten Zeichenpersonal. Demzufolge sind Anstrengungen mit dem Ziel einer sorgfältigen Abstimmung der Beschreibungen/Kommentare notwendig, um ihre Vergleichbarkeit und Umsetzung für Dritte sicherzustellen. Dies ist insbesondere bei langfristigen Grabungen mit ihrem unvermeidlichen Wechsel des Personals oder bei Stadtkernuntersuchungen, wo häufig Grabungen in benachbarten Arealen von einer anderen Person und zu einem späteren Zeitpunkt durchgeführt werden müssen, von Wichtigkeit. All dies zwingt zu verstärkten Anstrengungen in Richtung auf ein allgemeinverständliches System, was letztendlich der Qualität der Grabung zugute kommt. Und noch eins: Daß alle handschriftlichen Erläuterungen, Beschreibungen oder Vermerke für jedermann lesbar sein müssen, ist an sich eine Selbstverständlichkeit, die nur leider allzuhäufig unbeachtet bleibt.

5. DIE UNTERSUCHUNG VON GRABHÜGELN

5.1 Allgemeines

Zur Untersuchung von kleineren (zumeist niedrigen bis mittelhohen) Grabhügeln hat sich eine Art Standardmethode herausgebildet: das Quadrantenverfahren. Es wird hauptsächlich in zwei Varianten praktiziert, die sich durch die Anlage der Profilstege voneinander unterscheiden. Kennzeichen der einen Variante ist ein normal durchlaufendes Profilstegkreuz (Abb. 35, 1; 36); das der andern ein durchgehendes Profilkreuz, das durch zwei um eine volle Stegbreite gegeneinander versetzte Stegwinkel gebildet wird (Abb. 35, 3). Vorteilhaft an dieser Variante ist, daß von Anfang an durchlaufende Profile bestehen, während beim normalen Stegkreuz die Profilverbindung durch gezielten Abbau der Stege erst geschaffen werden muß; in der auf Abb. 37; 38 dargestellten Weise, wenn beide Profilseiten der Stege gezeichnet werden sollen, was wünschenswert ist.

Andererseits bedingt der Versatz der Stege vermessungstechnisch einen gewissen Mehraufwand gegenüber der normalen Steganlage. Bei dieser genügen nämlich drei durchgehende Meßlinien zur Aufmessung der Befunde in allen vier Quadranten auf herkömmliche orthogonale Weise. Bei versetzten Stegen sind demgegenüber zwei durchgehende und zwei um einen Meter auseinanderliegende halbe Meßlinien erforderlich; der Theodolit muß einmal mehr umgesetzt werden. Dieser Mehraufwand fällt bei polarer Aufmessung der Befunde nicht ins Gewicht, weil die Meßpfähle nicht mehr in Ein-Meter-Abständen (Abb. 35, 4; 36), sondern nur alle fünf Meter gesetzt werden müssen. Es gilt daher, Vor- und Nachteile sorgfältig abzuwägen, ehe man sich für eine der beiden Varianten entscheidet. Eine Korrektur ist dann nicht mehr möglich.

Ein weiteres Verfahren ist, einen Grabhügel streifenförmig zu untersuchen (Abb. 35, 2. 4); ein Prinzip, das sich bei großen und hohen Grabhügeln, die im allgemeinen eine größere Zahl von Nachbestattungen bergen, bestens bewährt hat, aber ebensogut auf kleinere Grabhügel anwendbar ist. Der Vorteil dieses Streifenverfahrens liegt in der größeren Zahl der Profile. Sie ermöglichen es, den Aufschüt-

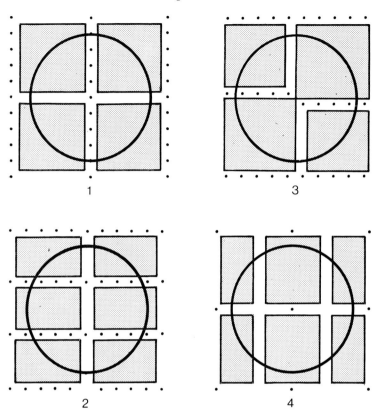

Abb. 35 Modelle zur Untersuchung eines Grabhügels. 1.3: Quadrantenverfahren mit durchlaufendem bzw. versetztem Profilkreuz, 2.4: Flächenverfahren mit durchlaufenden Profilstegen. ..... Lage der Meßpfähle.

tungsvorgang sowie die Abfolge der in den Profilen erfaßten Nachbestattungen verläßlich zu rekonstruieren.

Alle Hügelgräber sollten umfassend ausgegraben werden. Eine
Teiluntersuchung kommt nur dann in Betracht, wenn mit ausreichender Sicherheit feststeht, daß der Hügel nur eine einzige Urnen-
oder Körperbestattung bzw. eine oder mehrere megalithische Grabkammern überwölbt. In diesem Zusammenhang sei ferner nachdrücklich darauf hingewiesen, daß alle Quadranten oder Teilflächen
bis auf die 'Alte Oberfläche' hinab abgetieft werden müssen. Denn
mitunter sind Grabkammern auf einem mehr oder weniger hohen

Abb. 36 Im Flächenverfahren untersuchter eisenzeitlicher Grabhügel mit Steinkreis (Truchtelfingen-Albstadt „Degenfeld", Zollernalbkreis).

künstlichen Podium errichtet worden. Wenn in einem solchen Falle nur bis zur Höhe des Kammerbodens ausgegraben wird, können wichtige mit dem Bestattungszeremoniell zusammenhängende Befunde auf der 'Alten Oberfläche' außerhalb des Podiums verlorengehen.

In die Untersuchung eines Grabhügels aus sandig-lehmig-kiesigem Material sollte stets auch die nähere Umgebung und bei einer Grabhügelgruppe die zwischen den Hügeln liegende Fläche miteinbezogen werden (Abb. 38–41). Eine Forderung, die auf der Erkenntnis gründet, daß zwischen den Hügeln Erdgräber liegen können, die sonst unerkannt bleiben würden. Und zum andern darauf abzielt, durch Verlängerung der Profile über den Hügelfuß hinaus Klarheit darüber zu gewinnen, ob und ggf. auf welche Weise das zur Aufschüttung des Grabhügels benutzte Erdmaterial in der unmittelbaren Umgebung abgetragen wurde; und, wenn immer möglich, sogar die Grenzen der Schürfzone zu ermitteln.

Schließlich sei noch angemerkt, daß sehr hohe Grabhügel schichtenmäßig abgetragen werden sollten, wenn die begründete Hoffnung besteht, noch alte Hügeloberflächen anzutreffen. Das ist deshalb so wichtig, weil auf diese Weise die jeweilige Hügeloberfläche

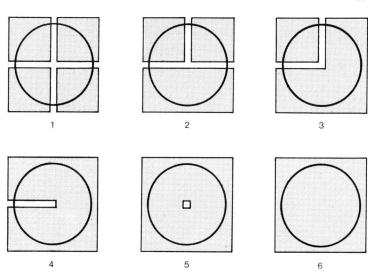

Abb. 37 Schema des Abbaus der Profilstege eines Grabhügels
bei beidseitiger Profilaufnahme.

zu ermitteln ist, von welcher aus Nachbestattungen erfolgt sind. Andernfalls kann die Zuordnung von Gräbern auf der Fläche, die keine
signifikanten Beigaben aufweisen, zu einer bestimmten Bestattungs-
schicht sehr erschwert oder sogar ganz unmöglich sein.

5.2 Die Aufmeßverfahren

Zur Aufmessung der Befunde sind alle zum gleichen Zweck schon
früher (S. 57) im Zusammenhang mit den Grundrißplänen ausführlich beschriebenen Meßverfahren geeignet. Doch ist es ratsam, die
dort unter den orthogonalen Verfahren als besonders rationell be-
schriebene Aufmessung mit Hilfe von Meßschienen nur dann ins
Auge zu fassen, wenn eine sichere Verankerung der Schienen gewährleistet ist. Entsprechendes gilt für ein weiteres, bei Siedlungsgrabungen ebenfalls gerne eingesetztes Verfahren: das Koordinatengitter (Abb. 42, 1. 2). Zu diesem Zweck wird um den Grabhügel ein
Rahmen aus Stahl- oder Leichtmetallrohren zusammengesteckt,
besser verschraubt, und auf ungünstigem Untergrund so zuverlässig
wie möglich verankert. Den Untergrundverhältnissen entsprechend

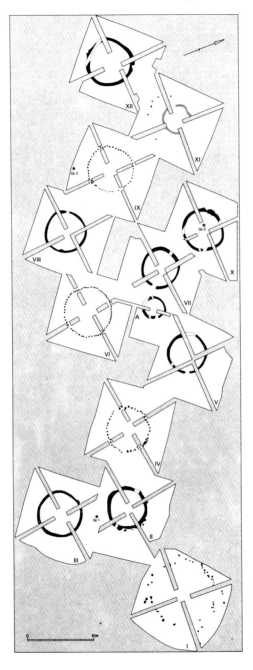

Abb. 38 Abbau der Profil-
kreuze über den zentra-
len Urnenbestattungen
eisenzeitlicher Grabhü-
gel (Klein-Ravels, Gem.
Ravels, Belgien).

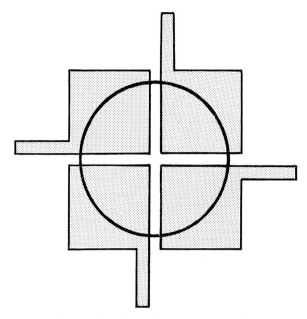

Abb. 39 Beispiel für die Verlängerung von Profilstrecken
über den Fuß eines Grabhügels hinaus.

kann die Installation sowohl eines Koordinatengitters als auch von
Meßschienen mehr oder weniger zeitraubend sein. Einmal instal-
liert, erleichtern und beschleunigen beide den Meßvorgang, weshalb
sich eine solche Investition lohnt, wenn kein anderes Verfahren verfügbar ist. Allerdings gilt es insbesondere beim Koordinatengitter
einige wichtige Voraussetzungen zu erfüllen, deren Nichtbeachtung
die Präzision der Aufmessung ernsthaft beeinträchtigen könnte.

Bei einem weitgespannten Schnurgitter ist besonders darauf zu
achten, daß es nicht über das unvermeidbare Maß hinaus durch-
hängt. Dem kann durch Verwendung von geeignetem Schnurmaterial – Perlon, Nylon – bis zu einem gewissen Grade vorgebeugt
werden. Entscheidend aber ist, daß Mängel in der Spannung sofort
beseitigt werden. Mängel und Fehler entstehen speziell auch beim
Loten, wenn zu wenig Sorgfalt darauf verwandt wird. Wer sorgfältig
auf Vermeidung der fraglichen Fehlerquellen bedacht ist und auftretende Mängel unverzüglich behebt, trägt entscheidend zur Qualität
der Aufmessung bei, so daß sie modernem kritischem Anspruch
genügt.

Abb. 40 Beispiel für die Untersuchung eisenzeitlicher Grabhügel und der zwischen den Hügeln liegenden Fläche (Grabenstetten „Burrenhof", Krs. Reutlingen).

Derartige Probleme stellen sich beim Einsatz einer Feldzeichenmaschine nicht. Weder bereitet ihre Aufstellung auf ungünstigem Gelände nennenswerte Schwierigkeiten, noch spielen Höhenunterschiede meßtechnisch eine Rolle. Situationsgerecht eingesetzt und gesteuert, zeigt die polare Aufmessung, was heute technisch machbar ist.

5.3 Das Aufmessen und Zeichnen von Befunden auf der Fläche und von Profilen

Die Aufgabenstellung ist klar umrissen: alles, was auf der Fläche bzw. auf den Profilen an Spuren sichtbar ist, muß mit größtmöglicher Genauigkeit aufgemessen und zeichnerisch entsprechend wiedergegeben werden. Nur eine, soweit menschenmöglich, objektive Darstellung bietet die Gewähr für eine umfassende Auswertung und zugleich für eine erweiterte zukünftige Fragestellung. Deshalb ist aus einschlägigen Erkenntnissen heraus vor 'durchdachten' Befund- und Profilaufnahmen zu warnen, auch wenn ich mich damit

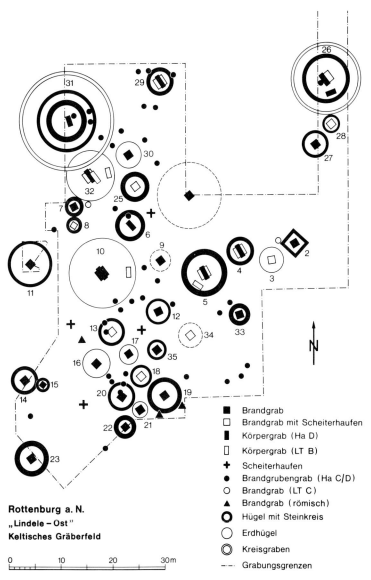

Rottenburg a. N.
„Lindele – Ost"
Keltisches Gräberfeld

■	Brandgrab
□	Brandgrab mit Scheiterhaufen
▮	Körpergrab (Ha D)
▯	Körpergrab (LT B)
+	Scheiterhaufen
●	Brandgrubengrab (Ha C/D)
○	Brandgrab (LT C)
▲	Brandgrab (römisch)
◉	Hügel mit Steinkreis
○	Erdhügel
◎	Kreisgraben
–·–	Grabungsgrenzen

0   10   20   30m

Abb. 41 Beispiel für eine großflächig untersuchte Grabhügelgruppe
(Rottenburg „Lindele", Krs. Tübingen).

Abb. 42 Beispiele für die Installation eines Schnurgitters zur Aufnahme jungsteinzeitlicher Dolmen in Steinhügeln, 1: Labeaume „Clos de Jacques", Rhône-Alpes, 2: Aillevans, Haute-Saône, Frankreich.

nicht in Übereinstimmung mit allen in der Feldforschung tätigen Kollegen befinde.

5.4 Das Kolorieren der Befund- und Profilzeichnungen

Befund- und Profilzeichnungen sind möglichst naturgetreu zu kolorieren. Das geschieht am besten durch vorgebildete Kräfte, denn die objektive Farbtreue ist gar nicht so einfach zu erreichen. Wenn verschiedene Kolorist(inn)en gleichzeitig oder nacheinander tätig sind, ist zudem auf eine einheitliche Ausführung zu achten. Nur so läßt sich das Problem der 'verschiedenen Hände', das die Auswertung erheblich erschweren kann, vermeiden. Erwünscht ist ferner eine subtile Wiedergabe der Strukturen der Hügelaufschüttung und eventueller Grabbauten. Die Strukturierung kann sowohl mit Farbstift als auch mit Bleistift ausgeführt werden. Bei Steinmaterial ist überdies die Gesteinsart mit den herkömmlichen Signaturen zu kennzeichnen. Daß auch dies einheitlich gehandhabt wird, muß sichergestellt sein.

5.5 Das Nivellieren der Befunde

Ein häufig vernachlässigter Gesichtspunkt beim Nivellieren ist, Personaleinsatz und Arbeitsablauf sinnvoll zu koordinieren. Bedenkt man indessen, daß zu einer sachgerechten Rekonstruktion eines komplizierten Befundes Nivellements in größerer Anzahl zwingend erforderlich sind, wäre dies ein Fehler. Es empfiehlt sich daher, das Nivellieren von einem gut aufeinander abgestimmten Team durchführen zu lassen.

In welcher Form die Nivellements auf die Befundpläne übertragen werden, ist Ansichtssache. Wir halten es für sinnvoll, die ermittelten Werte zunächst auf einem mit der Zeichnung über zwei Meßpunkte koordinierten Transparent einzutragen und die danach errechneten Koten punktgenau auf den kolorierten Feldplan zu übertragen.

Abschließend noch einige allgemeine Hinweise. Daß jeder Feldplan nach seiner Fertigstellung vor Ort gewissenhaft auf völlige Übereinstimmung mit dem Befund und auf vollständige Beschriftung überprüft wird, sollte zur Routine einer jeden Ausgrabung gehören. Ebenso ist mit den Nivellements zu verfahren. Die Überprüfung fällt in den Zuständigkeitsbereich des Grabungsleiters. Dieser kann damit auch einen oder mehrere erfahrene Mitarbeiter beauftragen.

Die von mir schon früher angesprochenen und hier wiederholten Richtlinien und Maßnahmen, die der Vereinheitlichung der Grabungsdokumentation dienen, schränken notwendigerweise die persönliche gestalterische Freiheit des technischen Personals ein. Dies ist aber im Hinblick auf die Komplexität des meist nur in Spuren erhaltenen Befundes, des häufig unterschiedlichen Ausbildungsstandes und nicht zuletzt im Interesse einer effizienten Auswertung nicht nur nach meiner Auffassung unerläßlich (Die gleiche Feststellung trifft der Kantonsarchäologe R. d'Aujourd'hui, in: Archäologische Bodenforschung des Kantons Basel-Stadt. Jahresbericht 1985. Basler Zeitschrift für Geschichte und Altertumskunde 86, 1986, 141 ff.). Wo es keine für alle Beteiligten verbindlichen Richtlinien, sondern eine Flut unterschiedlicher Befundaufnahmen und Befunddarstellungen gibt, wird nach meiner langjährigen Erfahrung die Auswertung unnötig erschwert.

5.6   Zur Freilegung von Gräbern und zur Bergung der Beigaben

Es ist gewissermaßen die Standardsituation, daß die Gruben von Körperbestattungen und Brandbestattungen erst sichtbar werden, nachdem der Humus bzw. die humose Deckschicht manuell oder mit Räumgeräten entfernt ist. Dabei können flach angelegte Grabgruben insbesondere von Kleinkindern, die der Bodenerosion schon weitgehend zum Opfer gefallen sind, je nach Stärke der humosen Deckschicht dem Nachweis entgehen (Fr. Langenscheidt, Methodenkritische Untersuchungen zur Paläodemographie am Beispiel zweier fränkischer Gräberfelder. Bundesinstitut für Bevölkerungsforschung. Materialien zur Bevölkerungswissenschaft. Sonderheft 2, 1985, 80 ff.). Aber auch die Gruben von Körper- oder Brandgräbern werden nach dem Abräumen des Humus nicht immer sogleich erkannt. Dies kann gelegentlich sehr schwierig sein, wenn der zur Verfüllung der Grabgrube wiederverwendete Aushub aus einer homogenen Masse von gleicher Farbe wie die Umgebung besteht. Eine solcherart verfüllte Grabgrube hebt sich von ihrer Umgebung kaum ab. Sie kann daher leicht übersehen werden, auch und gerade bei der Untersuchung von Grabhügeln. Die Folge ist, daß derartige Gräber häufig erst erkannt werden, wenn Urnen, Leichenbehälter, Beigaben und/oder Skeletteile oder aber ein wie auch immer gearteter Grabschutz angeschürft werden.

Die jeden Ausgräber bewegende Frage ist, wie man dieses Problem ohne aufwendige und kostspielige Methoden wie magnetometrische Messungen, geoelektrische Widerstandsmessungen oder Infrarot-Fotografie in den Griff bekommen kann. Auf Sand-, Löß- und Lehmböden könnte ein bei Pfostengruben erprobtes und bewährtes Nachweisverfahren sich als ebenso geeignetes Mittel für das Erkennen von Grabgruben erweisen; denn Grabgruben sind ebenfalls Störungen des natürlich gewachsenen Sediments oder verdichteter Bauschichten, die eine andere Wasseraufnahmefähigkeit als diese besitzen.

Auf den fraglichen Bodenarten waren bei gründlicher Beobachtung Stellen mit einer geringeren Sprenkelung mit Eisenrost und solche erkennbar, die von feinen Eisenroststreifen ganz oder partiell umgeben waren. Dies deutete auf verborgene Strukturen mit einer anderen Wasseraufnahmefähigkeit als deren Umgebung hin, die sich im nachhinein als Störungen biogener und anthropogener Art erwiesen. Die geringere Sprenkelung mit Eisenrost ist die Folge einer anhaltenden Auswaschung (Naßbleichung) durch Sickerwasserbewegungen in einem Bereich mit veränderter Dichte. Die Eisenroststreifen entstehen durch lateralen Transport des gelösten Eisens bevorzugt an den randlichen Klüften von Störungen; sie grenzen diese somit gegen ungestörte Schichten von homogener Dichte ab.

Wenn die mutmaßlichen Störungen weder ringsum noch partiell von einem Eisenroststreifen begrenzt werden, also gegen ihre Umgebung nicht ganz einfach abzugrenzen sind, kann ein Feuchtigkeitstest weiterhelfen; sei es mit klarem Wasser, sei es unter Zusatz eines hygroskopischen Salzes (Calciumchlorid, Magnesiumchlorid). Man sprüht den fraglichen Bereich mit einer von Hand zu bedienenden Druckspritze ein und läßt ihn anschließend in der Sonne oder durch den Wind abtrocknen. Doch ist es effizienter, diesen Prozeß durch den Einsatz von Heiz- oder Infrarot-Strahlern zu beschleunigen. Dementsprechend verläuft der Austrocknungsprozeß unterschiedlich schnell, doch so, daß die ungestörte homogene Schichtoberfläche schneller abtrocknet als jene von Störungen, die wegen ihres höheren Wassergehaltes länger feucht bleiben. Sie zeichnen sich daher als feuchte Stellen ab, so daß sie mit zureichender Sicherheit angerissen und aufgemessen werden können.

Wenn der Umriß einer Grabgrube festliegt, kann er aufgemessen und nivelliert werden. Der anschließende Abbau der Grabgrube hat vorsichtig Zug um Zug zu erfolgen, bis sich die ersten Spuren eines Holzeinbaus, eines anderen Grabschutzes, von Beigaben oder der Bestattung selbst zeigen. Danach beginnt die Feinarbeit mit geeigneten Werkzeugen, bis schließlich alles sauber freigelegt ist. Allerdings ist das eben skizzierte Freilegungsverfahren nur auf einem reinen Friedhofsgelände möglich. Bei Gräbern, die innerhalb eines aufgelassenen Siedlungsgeländes angelegt wurden, würde ein solches Vorgehen zu vermeidbaren Schäden an den von der Grabgrube durchstoßenen Siedlungsschichten führen. Denn es genügt keinesfalls, nur die Grabgrube selbst auszuheben. Um unbeengt und trotz aller Sorgfalt rationell arbeiten zu können, bedarf es eines gewissen Freiraumes um das Grab herum. Deshalb kann in einem solchen Falle der Abbau einer Grabgrube stets nur im Rhythmus des Schichtabtrags erfolgen, wobei die Grubenfüllung in Höhe der jeweiligen Schichtoberfläche horizontal überschnitten werden muß. Je mehr Bauschichten von einer Grabgrube durchschlagen werden, desto länger dauert es, bis mit der abschließenden Feinarbeit begonnen werden kann. Dennoch hat diese über einen längeren Zeitraum sich hinziehende Freilegung eines Grabes auch ihr Gutes: durch Übereinanderzeichnen der Plana ist es möglich, einen exakten Aufriß der Grabgrube zu erhalten. Darüber hinaus lassen sich auf diese Weise vergangene Grabbauten aus Holz oder ein Grabschutz aus unvergänglichen Materialien in verschiedenen Höhen zeichnerisch erfassen und danach rekonstruieren.

Bei der Freilegung von Nachbestattungen in einem großen Grabhügel ist es ratsam, genauso zu verfahren, wenn nicht sichergestellt ist, daß die Aufschüttung des Hügels in einem Zuge erfolgte. Kann dies ausgeschlossen werden, sollte jede Schüttung über dem Kernhügel für sich abgetragen werden. Es ist der einzige Weg, die jeweilige Hügeloberfläche zu erfassen, von welcher aus Nachbestattungen erfolgt sind, sofern nicht alle Gräber von Profilen geschnitten werden. Da dies zumeist nicht der Fall ist, kann es bei fehlenden oder nur wenig kennzeichnenden Beigaben schwerfallen, solche Gräber einer bestimmten Belegungsschicht zuzuweisen.

Werden beim Freilegen eines Grabes innerhalb eines reinen Friedhofgeländes Spuren eines vergangenen Grabbaus aus Holz oder ein Grabschutz aus unvergänglichem Material angeschürft, sind sorgfältige zeichnerische und fotografische Zwischenaufnahmen erforderlich.

Nach dem Nivellieren dieser Zwischenaufnahme, zu welchem Zweck am besten ein Transparentblatt über die Zeichnung gespannt wird, kann mit der Freilegung der Bestattung begonnen werden. Bei dieser mit feinem Gerät (Abb. 16; 17) behutsam durchzuführenden Arbeit ist unbedingt darauf zu achten, daß weder Beigaben noch Skeletteile einer Körperbestattung bewegt werden. Ein Staubsauger kann hierbei wertvolle Dienste leisten, nicht nur zur Entfernung von losgelöstem Erdreich, sondern auch und gerade bei der Freilegung von Beigaben jeder Art; insbesondere aber bei der Säuberung von inkohlten oder vermoderten Hölzern, deren Struktur in erdfeuchtem Zustand mit einem Pinsel nur allzuleicht verwischt werden könnte. Darüber hinaus hat die Arbeit mit dem Staubsauger den Vorteil, daß sie effektiver als die konventionelle Methode ist. Man sollte also überall dort mit einem Staubsauger arbeiten, wo sich elektrischer Strom heranbringen läßt, notfalls über ein Feldkabel.

Je nachdem kann sich der dosierte Wasserstrahl einer Handspritze zur Freispülung von Beigaben als nicht weniger nützlich erweisen. Ebenso eine Wärmequelle, mit welcher beispielsweise Scherben zerdrückter Tongefäße oberflächlich abgetrocknet und danach mit Hilfe eines Staubsaugers gesäubert werden könnten. Bei Benutzung eines Staubsaugers sollte man stets bedenken, daß auch bei gedrosselter Saugleistung Beigaben und selbst Teile der Bestattung angesaugt werden können. Dieser Gefahr kann durch ein Sieb vor der Saugöffnung oder dadurch vorgebeugt werden, daß der abzusaugende Gegenstand mit Hilfe eines Holzstäbchens oder einer starken Stahlnadel in seiner Lage stabilisiert wird. Trotz alledem ist Absaugen schonender für alle Gegenstände als Abbürsten oder -pinseln; im besonderen für verrostete oder oxidierte Objekte, auf welchen Gewebereste erkennbar sind.

Gewebereste sollten auf der Oberfläche stets mit einem kleinen Farbfleck markiert werden, am besten mit wasserlöslicher Plakatfarbe. Diese Farbmarkierung muß bis zur Präparation in der Werkstatt erhalten bleiben; sie gibt dem Präparator einen wichtigen Hinweis für seine diffizile Arbeit.

Werden nicht zur Tracht des/der Bestatteten gehörige Beigaben oberhalb des Grabbodens angetroffen, müssen sie auf einem Erdsockel freigelegt werden. Hierbei ist besonderes Augenmerk auf die Klärung der Frage zu richten, welchem Umstand diese Beigaben ihre Position über dem Grabboden verdanken.

Liegen Beigaben so übereinander, daß nur das obere Objekt richtig gezeichnet werden kann, muß es entfernt werden, nachdem eine Zwischenzeichnung angefertigt und diese nivelliert ist. Auf einer Zwischenzeichnung sind auch jene Beigaben festzuhalten, die

erst nach Beseitigung eines Skeletts zum Vorschein kommen, zum
Beispiel Perlen einer Halskette.

In viele Teile zerbrochene Metall- und Glasgefäße können, sofern
der Erhaltungszustand dies zuläßt, sauber herauspräpariert werden.
Sie sind Stück für Stück mit einer lfd. Nummer zu versehen; das erleichtert ihre Rekonstruktion in der Werkstatt. Genauso ist mit Keramik zu verfahren. Sobald die gereinigte Oberfläche abgetrocknet
ist, kann sie mit Revultex (Gummimilch) überzogen werden. Der
Revultexüberzug hält nicht nur die Scherben zusammen, er zeichnet
ihre Konturen auch präzise nach. Dadurch kann der Revultex-
abklatsch bei der Zusammensetzung der Scherben zu einem Gefäß
wertvolle Hilfestellung leisten, wenn die eigens angebrachten Mar-
kierungen nicht mehr erkennbar sind. Wenn die Scherbenoberflächen allerdings angewittert sind, sollte Revultex nicht direkt auf die
Oberfläche aufgetragen werden, weil es in die feinsten Poren eindringt. Beim Abnehmen des Überzuges könnte es dadurch zu einer
Beschädigung der Scherbenoberflächen kommen. Daher empfiehlt
sich eine Zwischenlage aus dünner Aluminium-Folie.

Der Vorteil dieses Verfahrens, das im übrigen für nahezu alle Beigaben geeignet ist, liegt zum einen in der hohen Abformgenauigkeit
und Elastizität des Revultex, zum andern in seiner vergleichsweise
leichten Anwendbarkeit.

In diesem Zusammenhang erscheint mir der Hinweis wichtig,
daß der Bodensatz eines Gefäßes, genauer die untersten Zentimeter
seiner Füllmasse, nicht ausgeräumt oder gar weggeworfen werden
sollte. Vielmehr sollte er möglichst zusammen mit dem Gefäß-
boden(-unterteil) zur Bestimmung des Gefäßinhalts einem archäochemischen Labor zugeleitet werden. Denn die Analyse schon geringer Reste von Nahrungsmitteln und Getränken, die sich aus der
Erdprobe und dem Gefäßunterteil extrahieren und gaschromato-
graphisch identifizieren lassen, kann wichtige Hinweise auf die Versorgung der Toten mit Speise und Trank geben.

Häufig gibt es bei der Freilegung witterungs- und objektbedingte
Probleme, die eine untadelige Arbeit vor Ort als aussichtslos oder
mit Blick auf die Gefährdung der Objekte als wenig sinnvoll erscheinen lassen. In solchen Fällen bietet die Bergung 'im Block' bestmögliche Voraussetzungen für eine perfekte Freilegung unter den
ungleich besseren Werkstattbedingungen. Das gilt für alle Beigaben,
die in viele kleine Stücke zerbrochen oder infolge außerordentlich
ungünstiger Bodenverhältnisse in sehr schlechtem Zustand sind.
Vor allem aber betrifft dies alle organischen Reste, die sich bedingt

durch hohe Bodenfeuchtigkeit oder infolge einer Tränkung mit Metalloxiden erhalten haben: Textilien aus tierischen oder pflanzlichen Fasern, Felle, Leder, Vogelfedern, Holz, Rinde und Flechten.

Das Bergungsverfahren wurde schon weiter oben eingehend beschrieben. Ergänzend sei hinzugefügt, daß längere Blöcke, wie sie beispielsweise für Schwerter unumgänglich sind, durch den Einbau von Holzleisten oder Kunststoffstäben stabilisiert werden müssen. Verstärkungen aus Metall sind zu vermeiden; sie beeinträchtigen später die Röntgenaufnahmen, die für den Restaurator meist unverzichtbar sind. Welche Objekte vom Ausgräber selbst, welche unter Hinzuziehung von Fachkräften 'im Block' zu bergen sind, hängt entscheidend von der Erfahrung und Routine des Erstgenannten ab. Im Zweifelsfalle sollte man sich stets für die Hinzuziehung von Fachkräften entscheiden, insbesondere bei der Bergung ganzer Komplexe (Abb. 43).

Bei Blöcken mit organischen Fundstücken und Glas ist darauf zu achten, daß die Verpackung in Kunststoffbeuteln eine sichere Aufbewahrung bis zur endgültigen Bearbeitung gewährleistet. Dies wird am ehesten durch Einschweißen erreicht.

Ebenso wichtig ist, daß der Erdblock sich leicht vom Untergrund abheben läßt. Es kommt also darauf an, die Verbindung des Blockes mit dem Untergrund so schwach wie möglich zu machen, so daß sie mit Hilfe eines starken Bleches oder eines dünnen Stahldrahtes einfach zu durchtrennen ist. Läßt sich dies nicht bewerkstelligen, muß weiter untergraben werden. In diesem Falle ist es ratsam, den Erdblock so mit Hölzern zu unterfangen, daß dieser sich weder senken noch wegkippen kann.

Abschließend noch ein beachtenswerter Hinweis. Als allgemeine Regel gilt, daß weder die Überreste eines(r) Bestatteten noch die Grabbeigaben ohne vorherige zeichnerische und fotografische sowie höhenmäßige (Nivellements) Dokumentation aus ihrem Verband entfernt werden dürfen. Alle Objekte sind mit einer lfd. Nummer zu versehen. Diese Laufnummer begleitet die Gegenstände bis in die Werkstatt oder in das Labor.

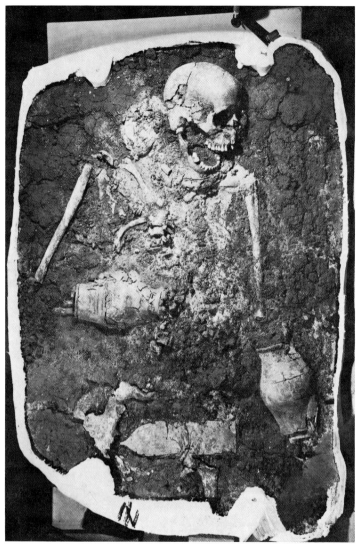

Abb. 43 Auf der Grabung eingegipstes Skelett einer Körperbestattung
mit reichen Beigaben (Rottenburg „Lindele", Krs. Tübingen).

5.7   Das Aufmessen und Zeichnen von Gräbern

5.7.1   Vorbemerkungen

Grabgruben jeder Art können grundsätzlich mit allen hier zur Aufmessung der Plana und Profile beschriebenen orthogonalen und polaren Meßverfahren aufgenommen werden. Doch eignet sich nicht jedes dieser Verfahren auch in gleichem Maße für die Aufmessung der verschiedenen Bestattungsformen. Deshalb sei in diesem Zusammenhang noch auf ein weiteres speziell für Gräber geeignetes orthogonales Verfahren aufmerksam gemacht, das aber auch sonst wertvolle Dienste leisten kann: es wird nachfolgend unter dem Stichwort 'Grabmeter' dargestellt. Aufgabe der Grabungsleitung ist es, sich für das jeweils zweckmäßigste unter den verfügbaren orthogonalen Aufmeßverfahren zu entscheiden. Steht ein Gerät zur polaren Aufmessung zur Verfügung, dann kann die Entscheidung eigentlich nur zugunsten dieses modernen Meßverfahrens ausfallen (Abb. 44; 45).

Die Meßgenauigkeit und die Treue der zeichnerischen Wiedergabe von Grabgrube, Bestattung und Beigaben, eines bestehenden oder vergangenen Grabschutzes bzw. Grabbaus sollten dem für Plana und Profile geforderten Standard entsprechen. Dies gilt genauso für Störungen durch Mensch und Tier. Insbesondere sollten rezente und antike Gänge (Krotovinen) von grabenden Nagern und Insektivoren innerhalb des Grabraumes genau aufgemessen werden. Sie könnten bei Verlagerungen von Beigaben und Teilen des Skeletts wichtige Hinweise geben. Das ist allerdings nur möglich, wenn durch Zwischenzeichnungen der Verlauf solcher Gänge exakt festgehalten wird. Dies erfordert sicherlich einen Mehraufwand an Zeit, der sich aber mit Blick auf die Problematik der Verlagerungsphänomene durchaus lohnt.

Die Grabzeichnungen werden im allgemeinen im Maßstab 1:10, Detailzeichnungen im Maßstab 1:1 angefertigt, wobei ein Diopter als Visierhilfe gute Dienste leisten kann. Wichtig ist, daß zeichnerisch alles getan wird, damit jeder Befund rekonstruierbar ist. Nur so ist eine bestmögliche Auswertung zu erreichen.

Gezeichnet wird üblicherweise auf Millimeterpapier (oder wetterfester Folie mit Millimeternetz) des Formats DIN A4 bzw. A3, dessen Tönung dem für Plana und Profile benutzten Papier entspricht. Alle Grabzeichnungen sind mit dem geläufigen Schriftkopf und der Grabnummer zu versehen, wenn die Zeichenpapiere keinen entsprechenden Vordruck aufweisen.

Abb. 44 Aufnehmen von Grabkeramik mit Hilfe der Feldzeichenmaschine
Kartomat (Rottenburg „Lindele", Krs. Tübingen).

Abb. 45 Aufnehmen des Skeletts einer Körperbestattung mit Hilfe der Zeichenmaschine Kartomat (Rottenburg „Lindele", Krs. Tübingen).

5.7.2 Das Grabmeter-Verfahren

Zur Durchführung dieses Verfahrens sind folgende Gerätschaften notwendig (Abb. 46): 1. eine wenigstens zwei Meter lange Meßschiene aus abgesperrtem Holz oder aus Leichtmetall mit Millimeterteilung beiderseits des Mittelanschlags, 2. ein ein Meter langer Meßwinkel aus demselben Material und entsprechender maßlicher Teilung auf Ober- und Unterseite, 3. eine glatte Gegenschiene mit oder auch ohne maßliche Einteilung. Beide Schienen sind mittels eines Scharniers zusammenklappbar, und 4. zu jeder Schiene gehören zwei Füße (Ständer) aus Stahl oder Leichtmetall.

Die Installation des Geräts im Grabraum ist einfach; man beginnt zweckmäßigerweise mit der Meßschiene. Sie wird bei einer Körperbestattung auf einer Längsseite verlegt und mit den zugleich als Vermessungspunkte dienenden Füßen stabilisiert. Danach wird sie so weit angehoben, daß sich der Meßwinkel noch frei über der Bestattung bewegen läßt, und in dieser Höhe arretiert. Als nächstes ist die Gegenschiene mit Hilfe des Meßwinkels bedarfsgerecht, d. h.

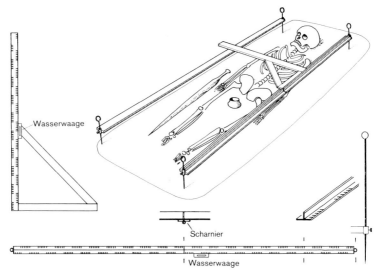

Abb. 46 Schematische Darstellung, 1 der zeichnerischen Aufnahme
einer Körperbestattung mit Hilfe des Grabmeters, 2 der Einzelteile.

auf gleicher Höhe zu installieren. Dazu ist der Meßwinkel mit einer
Libelle ausgerüstet.

Eine geübte Person kann Messen und Zeichnen durchaus in einer
Hand vereinen, doch ist es sicherlich rationeller, wenn dies von zwei
Personen durchgeführt wird; vor allem deshalb, weil die Querwerte
am Meßwinkel mit Hilfe eines Schnurlotes oder einer Lotnadel
ermittelt werden müssen.

Beim Aufmessen kommt es entscheidend darauf an, daß der Meßwinkel auf voller Länge am Anschlag der Meßschiene anliegt. Der/
Die Messende gibt in rascher Folge zuerst den Längswert, danach
die Querwerte des zu zeichnenden Gegenstandes (Abb. 46, 2). Sie
werden von dem/der Zeichnenden freihand möglichst naturgetreu
verbunden. Zunächst wird auf der einen, anschließend auf der andern Seite der Meßschiene aufgemessen; zu welchem Zweck die Gegenschiene nur dann umzusetzen ist, wenn komplizierte Befunde
dies zwingend erfordern. Nachdem alles aufgemessen und gezeichnet ist, sollte man sich vergewissern, daß die beiden Vermessungspunkte mit ihren Kennbuchstaben in die Zeichnung eingetragen
sind. Sie sind maßgeblich für die Einhängung eines jeden Grabes in
den Gräber- bzw. Friedhofplan.

Sodann kann nivelliert werden, was in Anbetracht der großen Zahl von Nivellements, die zu einer sachgerechten Rekonstruktion des Grabbefundes unerläßlich sind, keine leichte Aufgabe darstellt. Wegen der Vielzahl der Nivellements ist es ratsam, die am Instrument abgelesenen Werte punktgenau auf einem über die Zeichnung gespannten Transparent einzutragen. Nachdem diese Gerätwerte auf absolute Höhenwerte umgerechnet sind, kann ihre Übertragung auf die Hauptzeichnung mit millimeterhohen Ziffern erfolgen; wenn immer möglich so, daß der Gesamteindruck nicht unter der Vielzahl der Eintragungen leidet.

Für die Nivellierarbeit empfiehlt sich die Verwendung einer leichten schmalen Nivellierlatte oder eines Nivellier-Gliedermaßstabes; jedes dieser Geräte sollte zur Senkrechtstellung mit einem Lattenrichter ausgerüstet sein.

5.7.3 Zwischenzeichnungen von Grabbeigaben

Eine Zwischenzeichnung ist anzufertigen, wenn Beigaben aus technischen Gründen oder weil sie sich weitestgehend überdecken noch vor Anfertigung der Hauptzeichnung entfernt werden müssen. Eine solche Zusatzzeichnung ist auch erforderlich für Beigaben, die unter Skeletteilen verborgen waren, etwa für Perlen einer Halskette, um nur ein Beispiel zu nennen.

Zur Bewältigung von Zwischen- oder Detailzeichnungen solcher Objekte im Maßstab 1:1 steht im Diopter eine optische Visierhilfe zur Verfügung. Sie erlaubt es erfahrungsgemäß nach einiger Übung, selbst schwierige Beigabenkomplexe vergleichsweise schnell und vor allem mit hoher Genauigkeit zu zeichnen. Als Zeichenunterlage wird eine Glas- oder Plexiglasplatte benötigt, die am Mittelsteg der Leitschiene angelegt und auf der Parallelschiene mit zwei starken Tischklammern aus Stahl unverrückbar befestigt wird. Auf ihr ist eine hochtransparente Zeichenfolie mit Tesakrepp zu befestigen, deren Lage im Vermessungssystem mit zwei Punkten festgelegt werden muß. Danach kann mit dem Zeichnen begonnen werden.

Für Zwischenzeichnungen, die nicht mit Hilfe eines Diopters angefertigt werden, kann herkömmliches Millimeterpapier benutzt werden, doch ist es sinnvoller, dafür ebenfalls transparentes Millimeterpapier zu verwenden. Letzteres hat den Vorteil, daß die Lage der gezeichneten Beigaben oder Veränderungen des Grabschutzes schon durch paßgenaues Auflegen des Transparents auf die Hauptzeichnung und nicht erst nach erfolgter Umzeichnung ersichtlich sind.

Daß alle auf Zwischenzeichnungen festgehaltenen Objekte und Befunde sorgfältig zu nivellieren sind, versteht sich von selbst. Zumeist wird es möglich sein, die Nivellements direkt in das Zeichenblatt einzutragen einschließlich der Geräthöhe. Ebenso selbstverständlich ist es, daß alle auf Zwischenzeichnungen erfaßten Beigaben fortlaufend numeriert werden. Denn nur so ist ihre spätere Identifizierung gewährleistet. Schließlich ist darauf zu achten, daß auf *keinem* Blatt der handgeschriebene oder aufgestempelte Schriftkopf mit den erforderlichen Angaben fehlt.

5.7.4 Das Kolorieren von Grabzeichnungen

Die auf Millimeterpapier gezeichneten Grabpläne sind so objektiv (farbgetreu) wie möglich zu kolorieren, andernfalls kann viel an wichtigen Befunden verlorengehen. Besondere Sorgfalt ist auf die Darstellung von Leichenschatten menschlicher und tierischer Bestattungen zu verwenden. Ebenso präzise sind die Strukturen von hölzernen Grabbauten (Kammern), Totenbrettern und Särgen mit Bleistift oder Buntstift wiederzugeben.

Nicht koloriert werden im allgemeinen Skelette bzw. deren Überreste, der Leichenbrand, Urnen und Beigaben. Auch ein Grabschutz aus Steinen bleibt üblicherweise ungetönt, die Gesteinsarten werden mit den geläufigen Symbolen gekennzeichnet.

5.7.5 Die Beschreibung von Gräbern

Die Grabbeschreibung sollte in Inhalt und Form im wesentlichen den für Plana und Profile geltenden Grundsätzen entsprechen; d. h., sie sollte hauptsächlich das beinhalten, was aus der kolorierten Zeichnung nicht unmittelbar oder nicht hinreichend deutlich wird und aus den Grabfotos (s. S. 123) ebenfalls nicht ersichtlich ist.

Als Elemente einer derartigen Beschreibung sind zu nennen: 1. Grabform, Bestattungsart, Erhaltungszustand und auffällige Besonderheiten des Skeletts, Geschlechtsbestimmung. 2. Beschaffenheit und Erhaltungszustand des Grabschutzes bzw. des Grabbaus. 3. Störungen durch Menschen (Beraubung) oder Tiere. Insbesondere Angaben über Gänge grabender Nager und Insektivoren (Krotovinen) und deren Verlauf innerhalb des Grabraumes. 4. Auflistung der Beigaben nach lfd. Nummern sowie Angaben über vorzeitig entfernte Objekte unter Verweis auf die Zwischenzeichnung(en). 5. Bemerkungen zu „im Block" geborgenen Beigaben. Verweis auf lfd. Nummern und Zwischenzeichnung(en).

6. DIE GRABUNGSFOTOS

6.1 Allgemeines

Neben den bisher erläuterten Dokumentationsmitteln fällt der Fotografie eine nicht minder bedeutsame Rolle zu, auch und gerade im Hinblick auf die wissenschaftliche Auswertung und die spätere Publikation. Sie ergänzt in hervorragender Weise die zeichnerische und schriftliche Dokumentation. In Anbetracht dessen sollten so viele Grabungsfotos in Schwarzweiß und Farbe wie möglich gemacht werden; insbesondere mit Dia-Farbfilmen, weil das menschliche Auge Farbabstufungen viel besser als Grauwerte zu unterscheiden vermag. Natürlich wird auch hierbei die Grabungsleitung mit Augenmaß das Mögliche gegen das Wünschenswerte abzuwägen haben. Eines allerdings ist unverzichtbar: eine ausreichende Fotoausrüstung. Diese sollte außer Kleinbildkameras mit Wechseloptik auch eine Mittelformatkamera (6 × 6) umfassen. Mit einer solchen Ausrüstung lassen sich jederzeit Farb- und Schwarzweißbilder von den Plana und Profilen machen, so daß der Arbeitsfluß nicht unterbrochen werden muß. Das ist besonders wichtig auf Grabungen, auf denen ein ausgebildeter Fotograf nicht dauernd anwesend ist.

Wenn der Grabungsplatz sehr weit von der nächsten Stadt entfernt liegt, ist ein Feldlabor beinahe unentbehrlich. In ihm könnten die Filme umgehend entwickelt werden, wodurch es möglich wäre, mißlungene Aufnahmen von baulichen Befunden, die sonst verloren wären, zu wiederholen; im ungünstigsten Falle wenigstens teilweise. Eine wesentliche Voraussetzung hierfür ist, daß mit möglichst kurzen Filmstreifen gearbeitet wird, die umgehend zur Entwicklung gegeben werden können. Auch ließen sich in einem Feldlabor Dia-Serien von Profilstrecken anfertigen, um diese anschließend als Grundlage für maßstäbliche Profilzeichnungen zu benutzen (s. S. 122, Nr. 4); ein Verfahren, das bei Seeufersiedlungen in der Schweiz an Stelle einer orthogonalen bzw. polaren Aufmessung der Profile mit Erfolg praktiziert wird.

Die meisten Schwierigkeiten bei Feldaufnahmen entstehen im allgemeinen durch die wechselnden Beleuchtungsbedingungen vor

Ort. Sie können sich sehr nachteilig auf die Qualität der Aufnahmen auswirken. Es gilt deshalb unter Ausnutzung aller modernen Hilfsmittel für eine möglichst gleichmäßige Ausleuchtung insbesondere der Profile zu sorgen. Hierfür bieten sich Kunstlicht oder Blitzlicht an. Beides erfordert indessen eine nicht ganz billige Ausrüstung mit technischen Geräten. Kunstlicht setzt zudem eine ausreichende Versorgung mit elektrischem Strom voraus, mancherorts sicherlich eine Schwachstelle, die nur schwer zu beseitigen sein wird. Blitzlichtgeräte hingegen sind nicht nur leichter überallhin mitzunehmen, ihre Installation, beispielsweise vor einer Profilwand, ist auch weniger aufwendig; besonders wenn vier Blitzlichtgeräte, um störende Reflexe zu vermeiden, nach dem Vorbild von Reprolampen auf einem viereckigen Leichtmetallrahmen um die Kamera montiert sind, so daß für die gesamte Apparatur nur ein einziges Stativ benötigt wird.

Häufig genügen aber auch schon Filme mit hoher Empfindlichkeit, um bei schwachen Lichtverhältnissen (ohne Blitz) noch zufriedenstellende Bildqualitäten zu erreichen; wobei Dia-Farbfilme allerdings eine sehr genaue Belichtung erfordern, weil ihr Belichtungsspielraum begrenzt ist und bei der Entwicklung im Labor Fehlbelichtungen nicht ausgeglichen werden können. Zum Fotografieren werden üblicherweise ein Maßstab am besten mit spezieller Einteilung oder ein Fluchtstab sowie eine Schrifttafel gut sichtbar ausgelegt. Bei Körpergräbern ist zudem ein Nordpfeil unentbehrlich. Auf der Schrifttafel sind die üblichen Angaben einzutragen: Grabungsort und -jahr, Flur, Fläche, Planum, Fotonummer und bei Gräbern zusätzlich die Grabnummer.

Diese Eintragungen erfolgen je nach Tafelart mittels Signierkreide oder mit Steckbuchstaben und -ziffern. Durch das Aufstellen einer Schrifttafel sind beste Voraussetzungen für die spätere Identifikation der Grabungsfotos gegeben. Danach läßt sich in Verbindung mit dem Fotobuch ein Fotoplan erstellen, auf welchem Standort, Bildwinkel und Fotonummer einzutragen sind (Abb. 47).

6.2 Feldfotos von Plana und Übersichtsaufnahmen

Plana werden üblicherweise schwarzweiß und/oder farbig (Dias) fotografiert. Erwünscht sind Gesamt- und Detailaufnahmen sowohl aus möglichst senkrechter als auch aus schräger Position. Bei

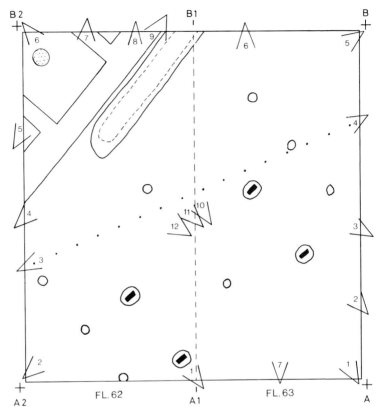

Abb. 47 Musterbeispiel für die Anlage eines Fotoplanes.

Aufnahmen im Freien wird ein 4 bis 5 m hohes Leiterstativ aus Leichtmetall allen Anforderungen gerecht. Ein solches Stativ ist einfach auf- und abzubauen. Wegen seines relativ geringen Gewichts kann es auch in montiertem Zustand mit geringer Mühe umgesetzt werden. Unter den Bedingungen eines Zeltes bieten sich, je nachdem dieses konstruiert ist, vielfache Möglichkeiten für sachgerechte Aufnahmen selbst vom Zeltgestänge herab. Notfalls muß das Zelt für die Dauer der Aufnahmen weggerollt oder weggetragen werden.

Für Übersichtsaufnahmen von Flächenkomplexen oder ganzen Grabungsarealen stehen eine Reihe technischer Geräte zur Wahl. Um nur einige zu nennen: ausfahrbare Drehleitern der Feuerwehr, die Kanzel von Montagewagen für elektrische Oberleitungen,

Turmkräne, Hubschrauber und Wetterballone, wenn letztere über eine spezielle Halterung für eine Kamera mit automatischer Fernauslösung und Filmtransport verfügen. Nicht überall wird der Einsatz eines dieser Geräte realisierbar und auch nicht immer finanziell erschwinglich sein. Das gilt genauso für (bis 10 m) hohe Fototürme in Leichtbauweise. Auch eine solche Investition ist nur dann sinnvoll, wenn größere bauliche Zusammenhänge des öfteren fotografisch aufzunehmen sind, was letztlich von der Organisationsform einer Grabung abhängt. Wenn beispielsweise unter einem Rollzelt nach dem Kreislauf- oder Rotationsprinzip auf zwei allenfalls auf drei in einer Richtung aneinandergereihten Grabungsflächen Schicht für Schicht bis auf die natürliche Oberfläche abgetragen wird, lohnt sich ein solcher Aufwand kaum. Diese Flächen, die dem Freilegungsmodus entsprechend zudem unterschiedliche Bebauungsstadien repräsentieren, könnten ebensogut von einem Leiterstativ aus aufgenommen werden. Man wird deshalb vor Errichtung eines hohen Fototurmes stets eine Kosten-Nutzen-Abwägung vorzunehmen haben. Fällt diese zugunsten eines Fototurmes aus, ist unbedingt darauf zu achten, daß der Turm gegen die bestehende Kippgefahr mit Stahlseilen verankert wird.

6.3 Feldfotos von Profilen

Sobald die Profile einwandfrei glattgeputzt sind, können sie im ganzen und abschnittsweise schwarzweiß und farbig (Dias) fotografiert werden. Sie sollten, um eine unterschiedliche Farbigkeit oder gar abweichende Grautonwerte zu vermeiden, möglichst den gleichen Feuchtigkeitsgrad aufweisen; was sich durch Einnebeln mit einer von Hand zu bedienenden Druckspritze einfach und schnell verwirklichen läßt. Manchmal allerdings kann es auch sinnvoll sein, Profile im Zustand ungleicher Austrocknung zusätzlich zu fotografieren, wenn dadurch Störungen deutlicher zu erkennen sind; sei es an Hand von Trockenrissen, die sich entlang von Störungsgrenzen bildeten, sei es, daß die Füllmasse innerhalb derartiger randlicher Klüfte durch ihre Fähigkeit, die Feuchtigkeit besser zu speichern, sich von der abgetrockneten Umgebung abhebt.

Werden von den einzelnen Profilstrecken Reihenaufnahmen gemacht, müssen Entfernung und Aufnahmehöhe stets gleich bleiben und die Bildebene parallel zur Profilwand verlaufen. Außerdem sollten sich die einzelnen Aufnahmen überlappen und mit Hilfe der abgeschnürten Profilmeter auch entzerren lassen. Einzeln oder zu einer Bildstrecke zusammengeklebt, ermöglichen die Schwarzweißfotos oder die Farbdias eine Überprüfung der möglichst naturgetreu kolorierten Profilzeichnungen.

6.4 Dia-Serien als Grundlage für Profilzeichnungen

Bei der großflächigen Untersuchung einer westschweizerischen Seeufersiedlung wurde der Versuch unternommen, Profile wegen ihrer dichten Folge von extrem dünnen Schichten an Hand von Schwarzweiß-Dia-Serien an Stelle einer manuellen Aufmessung zu zeichnen. Diese Methode hat sich als praktikabel und wirtschaftlich erwiesen, die Frage ihrer Anwendbarkeit auf andere Grabungen wird von Fall zu Fall zu prüfen sein.

Zur erfolgreichen Durchführung dieser Methode bedarf es einiger Voraussetzungen. Zum einen müssen die Profilwände absolut senkrecht und in der Gegenrichtung völlig plan geglättet sein, was mit Hilfe einer Streichlatte und einer Wasserwaage zu erreichen ist. Zum anderen sollten die laufenden Meter abgeschnürt und mit Meßkreuzen versehen sowie mit Buchstaben und Zahlen gekennzeichnet sein. Auch ist vorteilhaft, wenn die Höhenmarkierung auf allen Profilen den gleichen absoluten Wert aufweist.

Die Profilaufnahme erfolgt mit einer Kamera des Formats 6 × 6 mit möglichst verzeichnungsfreiem Objektiv. Damit wird aus gleichbleibender Entfernung und mit parallel zur Profilwand verlaufender Bildebene Meter für Meter des Profils auf Diapositivfilm aufgenommen. Im Feldlabor wird der Filmstreifen umgehend entwickelt und gerahmt. Die fertigen Dias können danach mit Hilfe eines Projektors im Maßstab 1 : 10 von unten auf die Glasplatte eines Zeichentisches projiziert werden (Abb. 48). Nun kann Dia für Dia auf einem über die Platte gespannten Transparent nachgezeichnet werden, bis die ganze Profilstrecke erledigt ist. Anschließend ist die fertige Zeichnung gewissenhaft mit dem Profil zu vergleichen, ggf. zu korrigieren und, falls erwünscht, auch zu kolorieren.

Abb. 48 System zum Zeichnen von Profilen auf einem Leuchttisch an Hand von Diapositiven (Grabung Twann/Douanne, Kt. Bern, Schweiz).

6.5 Feldfotos von Gräbern

Sobald die Grabgrube einer Körper- oder einer Brandbestattung klar erkennbar ist, sollte sie fotografiert werden. Hierfür sind ein Nordpfeil, ein Meterstab sowie eine Schrifttafel mit den üblichen Angaben und der laufenden Nummer des Grabes gut sichtbar auszulegen.

Die nächste Aufnahme ist nach der vollständigen Freilegung der Bestattung fällig, sofern nicht Besonderheiten der Grabgrubenfüllung oder Holz- bzw. Steineinbauten Zwischenaufnahmen zwingend erfordern. Von der Bestattung selbst sollten mit einem Teleobjektiv Senkrechtaufnahmen von einem Leiterstativ herab gemacht werden. Zwei oder besser vier exakt festgelegte und gut markierte Meßpunkte sowie ein Meterstab genügen, um von den Fotos eine Umzeichnung mit nur sehr geringen Verzeichnungen anfertigen zu können.

Überdecken sich Beigaben nahezu vollständig oder verhindern sie die Freilegung wichtiger oder größerer Teile des Skeletts, müssen sie entfernt werden. Bevor diese Gegenstände bewegt oder entfernt werden, müssen Zwischenfotos gemacht werden. Diese stellen in

Verbindung mit der exakten zeichnerischen Dokumentation und den Nivellements die spätere Auswertung sicher.

Bei Massenbestattungen ist auf die gleiche Weise zu verfahren. Die Skelette der neben- und übereinanderliegenden Individuen müssen Lage für Lage fotografiert, minuziös gezeichnet und nivelliert werden. Sind diese Schritte getan, steht der dreidimensionalen Rekonstruktion auch eines so heiklen Befundes nichts Wesentliches mehr im Wege.

Scheiterhaufengräber in entsprechender Form fotografisch und zeichnerisch zu dokumentieren ist sicherlich richtig und für jede Auswertung ein Gewinn. Sie empfiehlt sich ebenso für alle anderen Brandbestattungen, die Zug um Zug freigelegt werden müssen.

Halten wir abschließend fest: Zwischenzustände bei der Freilegung von Gräbern sind grundsätzlich nicht nur zeichnerisch und höhenmäßig, sondern auch fotografisch schwarzweiß und/oder farbig (Dias) festzuhalten. Beim Fotografieren ist direktes Sonnenlicht zu vermeiden, Schlagschatten könnten wichtige Details verschleiern. Und noch eins: Eine Schrifttafel und ein Maßstab, möglichst mit einer speziellen Einteilung, müssen auch bei Zwischenaufnahmen ausgelegt sein.

7. ZUR BEARBEITUNG VON KLEINFUNDEN AM GRABUNGSPLATZ

Die erste Bearbeitung der Kleinfunde erfolgt in der Regel vor Ort an einem eigens eingerichteten Fundbearbeitungsplatz. Der räumliche Umfang und die technische Ausstattung einer solchen Arbeitsstätte werden im allgemeinen unterschiedlich sein. Sie richten sich nach den lokalen Bedingungen und den finanziellen Möglichkeiten der jeweiligen Grabung. Auch wird sich der (bei Großgrabungen) berechtigte Wunsch nach einem mit dem Notwendigsten ausgestatteten Feldlabor nur in Ausnahmefällen erfüllen lassen; seine Einrichtung ist aber nur dann sinnvoll, wenn wirklich befriedigende Arbeitsbedingungen geschaffen werden können. Viel wichtiger ist, daß ausreichend Arbeitsraum für die einzelnen Arbeitsgänge und die Zwischenlagerung der bearbeiteten Funde zur Verfügung steht. Und ebenso vordringlich ist die Bereitstellung eines vor dem Zugriff Unbefugter gesicherten Trockenplatzes; es sei denn, es sind hierfür geeignete Räumlichkeiten in einem festen Grabungshaus verfügbar. Das Vertauschen noch unbeschrifteter Kleinfunde kann für die Stratigraphie schwerwiegende Folgen haben; ebenso das Verschreiben von Fundnummern, eine Gefahr, die bei der Bewältigung umfangreicher Fundmassen nicht völlig außer acht gelassen werden sollte. Man kann ihr dadurch begegnen, daß vor der Endverpackung eine vorsorgliche Kontrolle an Hand der Fundzettel durchgeführt wird, die jedem Objekt und Fundkomplex bis in die Werkstatt bzw. das Labor beiliegen müssen. Die Aufbereitung der Kleinfunde setzt demzufolge eine zielgerichtete Planung und ein hohes Maß an Verantwortung für den/die Kleinfundebearbeiter(in) voraus.

Er/Sie organisiert und überwacht alle einschlägigen Arbeitsgänge vom Waschen bzw. Reinigen bis zur Beschriftung und Verpackung der Fundstücke zum Abtransport in die Werkstatt oder das Labor. Sind Objekte oder Fundkomplexe 'im Block' eingeliefert worden, ist für eine sachgerechte Zwischenlagerung zu sorgen. Feucht zu erhaltende Gegenstände sind laufend auf Dichte der Behälter zu überprüfen; gegebenenfalls sind geeignete Maßnahmen zu ergreifen, um Schäden durch Feuchtigkeitsverlust zu vermeiden.

Die aus alledem ersichtliche Fixierung auf einen bestimmten Arbeitsbereich muß allerdings nicht bedeuten, daß der/die Kleinfund-bearbeiter(in) bei Bedarf nicht auch zu anderen Arbeiten herange-zogen werden kann. Bei Ausfall eines Mitglieds der technischen Arbeitsgruppe vor Ort muß er/sie in der Lage sein, dessen Arbeit übergangslos und fehlerfrei zu übernehmen; eine Forderung, der am ehesten durch eine gemeinsame Vorabschulung zu entsprechen ist.

Nach diesen mehr allgemeinen Bemerkungen nachfolgend einige konkrete Hinweise, die bei der praktischen Arbeit vor Ort von Nutzen sein können.

1. Alle Fundstücke aus Stein, Ton, Knochen und Horn lassen nor-malerweise eine gründliche Säuberung mit Wasser und Bürste zu. Wenn die Beschaffenheit der Oberfläche oder der Allgemein-zustand eine Naßreinigung jedoch nicht erlaubt, muß die Säu-berung auf trockenem Wege mittels weicher Bürste und/oder Wattebausch erfolgen. Dies empfiehlt sich auch für Keramik und Wandbewurf mit zarten Abdrücken von Pflanzen und Textilien, doch ist häufig eine Säuberung mit dem dosierten Strahl einer Handspritze ebenfalls möglich.

Mit einem solchen Gerät lassen sich verkohlte, blasig-poröse Krusten von Nahrungsmitteln und Speiseresten, die Gefäß-wänden anhaften, ordentlich säubern, wenn die Düse entspre-chend fein eingestellt wird. Wer dies beherzigt, wird keine Pro-bleme mit der Reinigung solch empfindlicher Objekte haben. Es ist zudem ratsam, die fraglichen Krusten, aber auch Harzpeche, nicht von den Gefäßwänden abzulösen oder abzukratzen, son-dern mitsamt den Scherben einem archäochemischen Labor zu übergeben.

Auf die gleiche Weise können lose, verkohlte Klumpen beispiels-weise von Nahrungsmitteln oder Räucherwerk sowie Fäkalien gesäubert werden. Sie müssen zudem in geeigneten Behältnissen feuchtgehalten werden, um Schrumpfung zu vermeiden. Es ist ratsam, diesen und anderen feuchtzuhaltenden Fundstücken einen mit Sagrotan getränkten Wattebausch als Fungizid beizu-geben, wenn eine längere Lagerzeit bis zu ihrer Restaurierung oder Untersuchung unvermeidbar ist.

Gegenstände aus Metall, denen mit Kupferoxid oder Eisenrost getränkte Gewebereste aus Pflanzenfasern oder Tierhaaren, Leder- oder Fellreste anhaften, werden vor Ort am besten gar nicht, allenfalls durch vorsichtiges Pinseln oder Blasen von Lok-kermaterial befreit. Entsprechend ist mit zerbrechlichen oder korrodierten Einzelfunden aus Metall und anderem empfindlichen Material zu verfahren.

Schließlich sei noch darauf hingewiesen, daß die Behälter, die Feuchtholz (unverkohltes Holz) enthalten, laufend auf Feuchtigkeitsverluste zu überprüfen sind. Denn Feuchtholz reagiert überaus empfindlich auf Austrocknen. Sehr nützlich kann die Zugabe von Sagrotan als Fungizid zum Wasser der Feuchtholzbehälter sein, wenn mit einer langen Lagerdauer bis zur Bearbeitung zu rechnen ist. Allerdings ist das Holz dann nicht mehr zur C 14-Datierung zu verwenden.

Daß die einwandfreie Trennung der Fundstücke und Fundkomplexe während des Waschens und Trocknens und ihre sichere Verwahrung vor dem Zugriff Unbefugter zum Selbstverständnis einer jeden Grabung gehören, ist fast überflüssig zu erwähnen. Nicht weniger wichtig ist, daß die gegen Feuchtigkeit (am effektivsten durch eine Plastikhülle) geschützten Fundzettel jeder Wascheinheit beiliegen.

2. Zum Trocknen eignen sich mit engmaschigem Drahtgitter bezogene Holzrahmen ganz ausgezeichnet. Die Maschenweite sollte so bemessen sein, daß auch kleinste Gegenstände nicht durchfallen und so in andere Fundkomplexe geraten können; das könnte schlimme Folgen haben. Mit stabilen Holzleisten lassen sich die Rahmen in feste, unveränderliche Fächer von gleicher oder unterschiedlicher Größe einteilen, doch sind bewegliche Leisten manchmal zweckmäßiger. Sie sollten allerdings im Maschenwerk unverrückbar festzustecken sein, um eine sichere Trennung der Waschkomplexe zu gewährleisten. In dieser Beziehung ganz zuverlässig (und dementsprechend aufwendig) sind Körbe aus verzinktem bzw. kunststoffbeschichtetem Maschenwerk oder aus Kunststoff.

Am effektivsten ist eine Trocknung auf standfesten Holz-, Stahlrohr- oder Leichtmetallgestellen. Schnell aufzubauende und verlängerungsfähige Spanngerüste aus Leichtmetall oder rollbare Regale sind ganz ideal, aber auch entsprechend kostspielig und wohl nur bei Langzeitgrabungen wirtschaftlich. Sie gewährleisten eine optimale Nutzung auf kleinem Raum und bedingen dadurch nur einen kleinen (eingezäunten) Trockenplatz.

3. Nach dem Trocknen sind die Funde zu beschriften, dies sollte auf jeder Grabung möglich sein. Üblicherweise werden hierfür verschiedenfarbige Tusche oder verdünnte Plakatfarbe bevorzugt; doch kann die Beschriftung auch aufgestempelt werden, wenn

die Oberflächenbeschaffenheit und die Größe des Objekts dies zulassen.

Die Beschriftung darf nur auf völlig trockener Oberfläche erfolgen. Andernfalls besteht die Gefahr, daß sie mitsamt dem Schutzüberzug aus Klarlack abgestoßen wird. Bei poröser Oberfläche empfiehlt sich zunächst eine Grundierung mit Lack. Sobald diese trocken ist, kann beschriftet und noch einmal lakkiert werden. Ganz besonders wichtig aber ist, daß die Beschriftung einwandfrei lesbar ist.

4. Für den Transport in die Werkstatt bzw. in das Labor oder zu Bearbeitern bestimmter Materialgruppen sind die Funde bedarfsgerecht zu verpacken. Hierfür steht ein umfangreiches Sortiment marktgängiger Behälter aus Karton, Kunststoff und Plexiglas zur Wahl. Beim Verpacken der einzelnen Stücke bzw. Fundkomplexe ist besonders darauf zu achten, daß jeder Packeinheit ein Fundzettel oder ein Laufzettel beiliegt. Zum gefahrlosen Transport in die Werkstatt bzw. ins Labor werden die Packeinheiten am besten in normierte Transportkörbe aus Kunststoff, in Normkästen aus Holz oder Leichtmetall verstaut.

5. Zur Bearbeitung durch Dritte bestimmte Materialien sind nach Fundnummern listenmäßig zu erfassen. Besondere Vorkehrungen für den Versand erfordern:
Bodenproben, die auf Pflanzenreste untersucht werden sollen. Sie müssen auf dem Transport kühlgehalten werden;
Holzkohlenproben, die zur Bestimmung ihres 14 C-Alters vorgesehen sind. Für den Transport genügt ihre einfache Verpakkung in Alu-Folie, Polyäthylen-Folie oder in Plastikbehältern nicht. Sie werden in entsprechenden Behältnissen doppelt verpackt und staubdicht verklebt;
Holzkohlenstücke, die zur jahrring-(dendro-)chronologischen Untersuchung bestimmt sind. Sie sind bruchsicher in Watte, Zellwolle, Holzwolle oder Styroporflocken zu verstauen. Hölzer, die in auslaufsicheren Behältern in Wasser aufbewahrt werden, erhalten eine Ummantelung aus Alu-Folie, um Stoßschäden beim Transport zu vermeiden.

8. DAS GRABUNGSTAGEBUCH

Die Eintragungen in das Grabungstagebuch bilden eine nicht unwichtige Ergänzung der zeichnerischen und fotografischen Dokumentation. Sie stellen somit den dritten Pfeiler der wissenschaftlichen Auswertung dar.

Allgemeine Richtlinien zu einer allen Ansprüchen hinsichtlich Form und Inhalt genügenden Darstellungsweise sind nur schwer zu geben. Jeder Ausgräber wird sein eigenes Konzept entwickeln. Doch gibt es bei aller individuellen Freiheit gewisse Grundprinzipien, die nach unserer Meinung unverzichtbar sind. Sie dürfen auch dann nicht verlorengehen, wenn die Grabungsleitung wechselt. Zu diesen Grundprinzipien gehört die Forderung nach einer klaren Trennung von belegbaren Fakten und von darauf gründenden Interpretationen. Und zum andern das Bemühen um eine objektive Darstellung der Fakten, soweit dies überhaupt menschenmöglich ist, um eine verläßliche Basis für eine spätere Auswertung unter neuen Gesichtspunkten zu schaffen. Dies ist allerdings nur möglich, wenn es dafür einheitliche und verbindliche Richtlinien gibt.

Bei den Eintragungen kommt es nicht auf eine erschöpfende Beschreibung des Befundes an, wenn das Planmaterial perfekt mit Informationen angereichert ist. Vielmehr sollen sie hauptsächlich ein Kommentar zur Grundriß- und Profilzeichnung sein und keine Beschreibung des visuell Ersichtlichen. Vielfach entstehen solche ausführlichen Beschreibungen, wie es ein Kollege einmal treffend formulierte, „viel zu sehr aus der momentanen Situation, gleichsam aus der Froschperspektive" (G. Kossack, in: Archsum auf Sylt. Teil 1, Einführung in Forschungsverlauf und Landschaftsgeschichte. Römisch-Germanische Kommission 39 [1980] 181). Sie müssen daher häufig genug dem mit zunehmender Grabungsdauer sich erweiternden Erkenntnisstand angepaßt und dadurch bis zur „Unübersichtlichkeit" korrigiert werden. Das heißt nun nicht, daß nur das beschrieben werden soll, was im Augenblick gerade wichtig erscheint. Denn bei der Auswertung könnten sich Fragen ergeben, die dann nur unzureichend oder nicht mehr zu beantworten wären. Deshalb sollte zwischen dem, was unbedingt schriftlich nieder-

gelegt werden muß und dem, worauf verzichtet werden kann, sorgfältig abgewogen werden.

Im Grabungstagebuch müssen ferner die Ereignisse des Tages
stichwortartig zusammengestellt werden, zum Beispiel witterungs-
bedingte Unterbrechungen des Grabungsablaufs. Außerdem dürfen
Angaben über Grabungsbeginn und Grabungsende sowie über die
personelle Besetzung der Grabung nicht fehlen. Und schließlich
muß das Tagebuch Auskunft über Art und Umfang der Tätigkeit
Dritter auf der Grabung geben.

9. ZUR METHODIK VON HÖHLENGRABUNGEN

9.1 Einleitung

Höhlen entstehen vor allem in Kalkgesteinen, in denen sich durch Wasserlösung unterirdische Hohlräume bilden, sie können aber auch durch einen Fluß oder das Meer oder durch Erosion unterschiedlich harter Gesteinsdecken ausgehöhlt werden. Höhlensedimente lassen sich in zwei Kategorien klassifizieren (Schmidt 1958; Laville 1975, 27): in allochthones, von außen hereingebrachtes oder hereingewehtes und in autochthones, im Innern selbst gebildetes Material. Von besonderer, nicht immer richtig eingeschätzter Bedeutung ist der anthropogene Anteil an den Sedimenten und an der Sedimentation (Butzer 1982, 79–85). Wegen des Fehlens von eindeutigen Schichtgrenzen hat man oft geglaubt, daß Höhlen keine Schichtlücken enthalten und somit eine kontinuierliche Entwicklung von Klima, Umwelt und menschlicher Kultur widerspiegeln.

Während die Höhlenfundstellen als solche leichter auffindbar sind, verhüllen die meist sehr schuttreichen Sedimente oft die Funde und Befunde, und zudem können Fallsteine beträchtliche Störfaktoren darstellen. Wenn auch natürliche oder menschliche Umlagerungen vorkommen (Lauxmann u. Scheer 1986), so sind sie doch nicht die Regel. Daher sind oft wenig gestörte eiszeitliche Oberflächen in dem Gesteinswirrwarr verborgen, die man wieder sichtbar machen muß. Da das direkte Abfallverhalten von Menschen in Höhlen sich von dem in langfristig besiedelten Plätzen unterscheidet, lassen sich auch aus dem Kontext der Fundstücke zueinander bei der Grabung zunächst nicht sichtbare Verhaltensmuster rekonstruieren.

In diesem Beitrag wird versucht, die Erfahrung von etwa fünfzehn Jahren Ausgrabung in Höhlen und unter Felsschutzdächern zusammenzufassen. Die Grabungsmethodik wurde zunächst sehr stark von der in Frankreich angewendeten beeinflußt, wo der Verf. an verschiedenen Höhlengrabungen teilgenommen hatte, entwickelte sich aber im Laufe der Zeit zu einer eigenen Methodik weiter. Diese wird unten dargestellt, unter Betonung des Feedbacks, was abgewogen eine dauernde Anpassung an den sich ändernden Be-

fund- und Kenntnisstand und einem Ausblick auf zukünftige Ent-
wicklungsmöglichkeiten bedeutet.

9.2 Zielsetzung

Bevor man eine Ausgrabung durchführt, sollte man sich im klaren
darüber sein, welches Ziel oder welche Ziele man damit verfolgen
will. Je nachdem ob man eine rein stratigraphische Klima- und Um-
weltabfolge zur Einordnung urgeschichtlicher Funde oder ob man
menschliches Verhalten in der Fundplatzdynamik untersuchen will,
müssen verschiedene Techniken der Ausgrabung angewendet
werden. Sondagen und Notgrabungen bedingen einen anderen Ge-
nauigkeitsgrad als rein wissenschaftlich motivierte Spezialunter-
suchungen. Vor allem muß dem Ausgräber auch in Höhlen bewußt
sein (vgl. S. 150), daß Grabungen mehr oder weniger gezielte Zer-
störungen sind, von denen nicht nur die sichtbaren Funde zu-
rückbleiben dürfen. Erst ihr räumlicher Kontext, nach A. Leroi-
Gourhan u. M. Brézillon (1972, 325) als latente und evidente
Befunde differenzierbar, und die unsichtbaren, nur chemisch oder
mikroskopisch nachweisbaren Funde, erlauben weitergehende
Interpretationen. Zielsetzung von Höhlengrabungen sollte die
Interpretation oder besser das Einfühlen in urgeschichtliche Lebensweisen sein, echte Rekonstruktionen lassen sich wegen der
fehlenden „Fundamente" nicht durchführen.

Daher muß hier in aller Kürze die theoretische Basis für die Ansprache der archäologischen Überreste von Jägern und Sammlern
aufgeführt werden. Letztlich geht es dabei um das modellhafte Erfassen des Abfallverhaltens, das archäologisch hauptsächlich
sichtbar ist. Wegen der großen Mobilität von Jägern und Sammlern
lassen sich voraussetzen:

a) kein starker Eingriff in die „Natur",
b) keine großen Erdbewegungen und Oberflächenveränderungen,
c) somit intakte Fundakkumulationen, die mit speziellen Tätigkeiten verbunden werden können, falls natürliche Entstehungs-
   bedingungen ausschließbar sind,
d) als Folge daraus Interpretationsmöglichkeiten für urgeschicht-
   liches Verhalten und Lebensweisen – oder für natürliche und kulturelle Störungen.

Zunächst muß aber geklärt werden, ob natürliche Störfaktoren
den Befund verändert haben. Hierzu dienen Sedimentanalysen, die

Einschätzung, auch mikroskopisch (Symens, 1988, 59–66), der Oberflächen von Steinartefakten und Knochen, ihr Zusammenpassen (Cziesla 1986; Lauxmann u. Scheer 1986) und eine Analyse der räumlichen Fundverteilung, der latenten Strukturen (Hahn, 1988). Da dies weitgehend erst bei der Auswertung erfolgen kann, muß man während der Ausgrabung zunächst davon ausgehen, daß alle Funde nicht verlagert sind und entsprechend genau dokumentieren. Erst wenn geklärt ist, daß z. B. ein Solifluktionshorizont vorliegt, kann man die Funde quadrat- oder viertelquadratweise einsammeln. Bei intakten ursprünglichen Oberflächen, wie sie auch in Höhlen überliefert sein können, gibt der Kontext der einzelnen Funde und Befunde Hinweise auf die Siedlungsdynamik, d.h. die Tätigkeiten und Prozesse, die zu ihrer räumlichen Verteilung führten. Eine Grundfrage ist, mit welchem Raster man diese erfassen kann oder muß. Reicht ein Quadratmeter oder Viertelquadratmeter, in dem alle Funde festgelegt werden, oder ist eine Einzeldokumentation notwendig? Wo liegt die Grenze zwischen einzumessenden und pro Grundeinheit einzusammelnden Fundobjekten?

Experimente zur Herstellung von Artefakten und Werkzeugen aus Feuerstein (Newcomer u. Sieveking 1980) ergaben mehr oder weniger enge Fundkonzentrationen, die von der Haltung und den Bewegungen des Steinschlägers abhängen. Aus einer sitzenden/kauernden Haltung resultieren Akkumulationen von etwa einem Viertelquadratmeter, eine stehende Person kann eine mehrere Quadratmeter große Fundstreuung verursachen, aber trotzdem noch den Standort des Steinschlägers angeben. Ein horizont- und viertelquadratmetermäßiges Einsammeln von Funden faßt diese Unterschiede nicht mehr, da theoretisch die Grenze des Quadratmeter-Rasters mitten in eine solche Anhäufung fallen kann. Zudem können bei gröberer Herkunftsbestimmung von Funden natürliche nicht von anthropogenen Fundhorizontbildungen differenziert werden.

Konkret verlangt das eine ausreichende Dokumentation der Funde und der Befunde, die an die örtlich wechselnden Gegebenheiten angepaßt sein muß. Primär sind natürliche und kulturelle Bildungsbedingungen bei der Sedimentation und Fundverteilung sowie der Artefaktentstehung zu trennen, bevor die Wechselbeziehung zwischen Klima, Umwelt und Menschen untersucht werden kann.

9.3 Organisation einer Höhlengrabung

Höhlen und auch Abris (Felsschutzdächer) sind von ihrer Topographie her räumlich durch mindestens eine Felswand begrenzt. Dadurch wird von vornherein der grabungsmäßige und personelle Ansatz eingeschränkt. Enge und schmale Grabungsareale behindern einen großflächigen spezialisierten Grabungsansatz. Trotz dieser Enge ist aber die Sedimentbildung nicht einfacher, sondern ändert sich auf kleinen Flächen abhängig von lokalen, oft sehr kleinräumigen Bedingungen. Daher wird seit Kenntnis dieser Vorgänge den Profilen eine besondere Wichtigkeit eingeräumt (Riek 1934; Wetzel 1958). Das verhindert aber zugleich eine großflächige Freilegung. Diese Probleme haben in Frankreich dazu geführt, daß Höhlengrabungen nicht sukzessiv von verschiedenen Spezialistenteams durchgeführt werden, sondern daß ausgebildete Einzelpersonen alle grabungsmäßigen Probleme innerhalb des gewählten Quadratmeter-Rasters beherrschen müssen. Von einem universitären, ausbildungsmäßigen Standpunkt aus gesehen ist es sicherlich besser, daß jeder angehende Ausgräber nicht nur ausschließlich Vermessungen oder Zeichenarbeiten durchführen kann, sondern auch einen direkten Kontakt mit dem Boden, d. h. dem Ausgraben und der weiteren Verarbeitung von Funden und Befunden hat. Dem Spezialisten steht hier somit ein „All-round"-Ausgräber gegenüber. Da man selbst das Schlämmen des abgegrabenen Erdreichs und hauptsächlich das Auslesen der Schlämmrückstände nicht unausgebildeten Kräften überlassen kann, bedeutet das, daß urgeschichtliche Höhlengrabungen einen verhältnismäßig hohen Ausbildungsstand voraussetzen.

Systematische Höhlengrabungen werden daher fast ausschließlich mit erfahrenen Studenten als Ausgräbern durchgeführt. Einzelne unerfahrene Ausgräber, auch Gäste, ob Amateure oder interessierte Schüler, werden einem erfahrenen Ausgräber als Tutor zugewiesen. Die Anzahl der Grabungsteilnehmer liegt im Mittel eher unter zehn Grabungsteilnehmern als darüber. Sie müssen folgende Arbeitsgänge durchführen können: Vermessen, Freilegen von Horizonten, Einmessen und Einzeichnen, Fotografieren der Flächen, Profilaufnahmen, Probenentnahme, Führen des Quadratmeter-Tagebuchs, Schlämmen des abgegrabenen Höhlensediments, Aussuchen der Schlämmproben, Fundbearbeitung (Waschen, Beschriften, Härten von Knochen u. ä.) und nicht zuletzt die Kontrolle der Grabungsdaten. Vorgesehen ist ein Wechsel z. B. zwischen Ausgraben und Schlämmen, der je nach Größe der Mannschaft und Fundanfall tage- oder wochenmäßig erfolgen sollte.

Je nach Größe der Grabung bzw. Teilnehmerzahl nimmt auch der Grabungsleiter mehr oder weniger aktiv an der Ausgrabung teil, indem er einen eigenen Quadratmeter untersucht. Auf diese Weise soll vermieden werden, daß er sich zu weit von der Praxis entfernt. Allerdings läßt sich dies bei einer großen Mannschaft nicht mehr sinnvoll durchführen.

9.4 Grundlagen

Hier werden das Vermessungssystem und die Tiefen-(Höhen-) Einmessung behandelt.

Bei urgeschichtlichen Ausgrabungen, ob im Freiland oder in Höhlen, hat sich international der Quadratmeter als Bezugsraster durchgesetzt. Er wird durch Koordinaten, Zahlen oder Buchstaben/Zahlen definiert und kann gegebenenfalls in feinere Teile wie den Viertel- oder Sechzehntel-Quadratmeter weiter aufgegliedert werden.

9.4.1 Vermessungssystem

Die Wände und Decken von Höhlen bieten den Vorteil, daß ein festes Quadratmetersystem aus Röhren oder aus Spanndraht und Drahtklemmen mit der Einmessung durch einen Theodoliten an den Wänden eingerichtet werden kann, dessen Achse nach Nord-Süd ausgerichtet sein sollte. Drähte sind nur bei einer geringen Breite des Höhleneinganges hinreichend stabil. Bei breiten Felsschutzdächern oder Höhleneingängen muß das Quadratmeterraster entweder in die Decke direkt eingedübelt werden oder ein fester, versteifter Rahmen eingebaut oder, weniger geeignet wegen der dadurch notwendigen vorherigen Grabung, einzelne Stützpfosten müssen eingesetzt/einbetoniert werden. Dieses Raster nimmt an den Schnittstellen die durch bewegliche Schnüre mit leichten Loten (z.B. Ringschrauben oder Senkblei) markierten Quadratmeter-Eckpunkte auf. Der Quadratmeter als prinzipielle Adresse der Funde und Befunde innerhalb einer Fundstelle erleichtert bei der in den Höhlen vorwiegend eingesetzten individuellen Grabungsweise die Fundeinmessung. Auch Befunde wie Feuer-

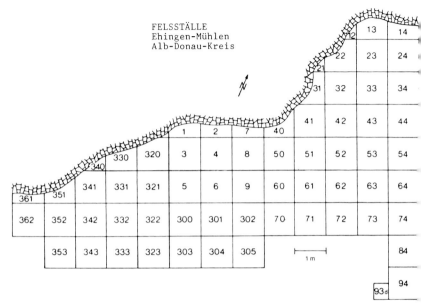

Abb. 49 Beispiel für ein Quadratmeter-Raster (Felsställe bei Ehingen).

stellen, Gruben o. ä. erhalten als Kennzeichnung die Nummern des bzw. der Quadratmeter, in denen sie liegen.

In dem Abri Felsställe (Abb. 49) wurde kein Koordinatenquadrant gewählt. Der Nullpunkt wurde innerhalb der ersten Grabungsfläche festgesetzt und bildete kein fortlaufendes Netz in Reihen (Zehner) und Streifen (Einer) (Kind 1987). Bei der Erweiterung der Fläche nach Osten, Westen und Süden mußten jeweils neue Raster außerhalb der vorgegebenen Numerierung angehängt werden. Deshalb kann man ohne einen Quadratplan die Fundverteilung nicht mehr rekonstruieren. Wie das Arbeiten mit früheren Grabungsinventaren zeigt, wo der Quadratmeterplan nicht dokumentiert worden ist, sollte man das vermeiden. Allerdings wird die Beschriftung bei einem festgelegten, im Gegensatz zu einem komplizierten Koordinatensystem, vor allem von kleinen Objekten, vereinfacht.

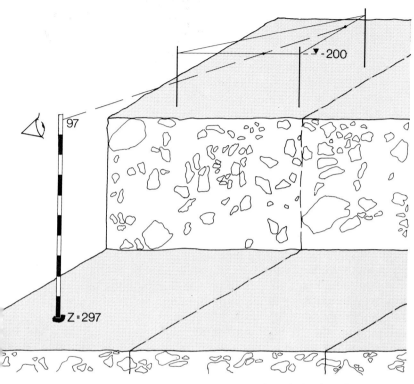

Abb. 50 Tiefeneinmessung mit einem Fadendreieck durch Peilen
über zwei einnivellierte Fäden.

9.4.2 Höhenmessungen

Der Grabungsnullpunkt kann in die Wand eingemeißelt und mit
Farbe gekennzeichnet werden. Von hier aus werden die Tiefen mit
dem Nivelliergerät auf verschiedene Tiefenmeßsysteme übertragen:
In Anlehnung an französische Vorbilder lassen sich Fadendreiecke
(Abb. 50) verwenden, deren drei Eckpunkte auf den Millimeter
genau einnivelliert sein müssen. Durch Peilen über die beiden in
Deckung gebrachten Fäden lassen sich Tiefen auf den Zentimeter
genau ermitteln. Bei Entfernungen über einem Meter von dem
Dreieck werden aber die Meßergebnisse sehr ungenau, und selbst
in Höhlen lassen sich nicht beliebig solche Dreiecke aufbauen. Als

Abb. 51 Tiefenmessung mit einer einfachen Schlauchwaage.

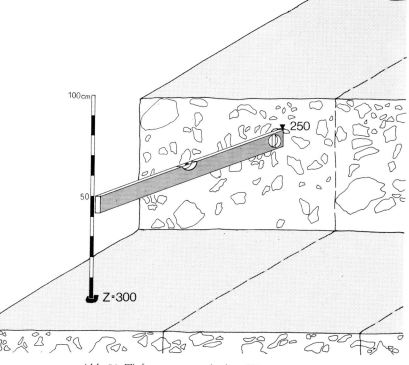

Abb. 52 Tiefenmessung mit einer Wasserwaage
von einnivelliertem Punkt aus.

zweite Möglichkeit werden Schlauchwaagen verwendet, bei denen
wieder mit einem möglichst senkrecht gehaltenen Meterstab die
Tiefen bestimmbar sind (Abb. 51). Die weiteste Verbreitung finden
bei neueren Höhlengrabungen (Felsställe, Geißenklösterle, Helga-
Abri und Hohler Fels) jedoch einnivellierte Nägel oder Punkte auf
festen Steinen. Von ihnen aus wird mit Hilfe einer Wasserwaage mit
ausreichender Genauigkeit die Tiefe der Abtragungen und der einzeln eingemessenen Funde ermittelt (Abb. 52). Nur bei großen
Höhlengrabungen mit zahlreichen Teilnehmern dürfte es sich ren-
tieren, diese einzelnen Tiefenwerte jedesmal mit dem Nivelliergerät
zu messen.

Bei den Tiefenmessungen wird ein Zentimeter, gegebenenfalls
auf- oder abgerundet, als ausreichend angesehen.

9.5   Ausgrabungsmethoden

Zum besseren Verständnis einer Ausgrabung muß die Methode beschrieben werden, mit der die Untersuchungen durchgeführt werden. Allgemein sollte versucht werden, die Menge der erhobenen Daten so klein wie möglich und so genau wie nötig zu halten. Das darf nicht heißen, daß die Methode als solche festgelegt ist. Vielmehr entwickelt sie sich während der Grabung durch „feedback", muß sich neuen Erfordernissen anpassen und ist gerade bei lange dauernden Untersuchungen, die sich wie im Geißenklösterle (Hahn et al. 1985) über zehn Jahre hinziehen, am Ende etwas anderes als am Anfang.

9.5.1 Horizont-Freilegung

Wegen der hohen Wahrscheinlichkeit, aus der Abfallstreuung direktes menschliches Verhalten erschließen zu können, ergibt sich die Notwendigkeit, möglichst viele Funde an der Stelle ihrer Ablage zu erfassen. Grundprinzip hierbei ist das Entfernen des Feinmaterials unter In-situ-Belassung aller festen Sedimenteinschlüsse, gleich, ob es sich um Kalksteine, Knochen oder Artefakte handelt. Ebenso werden evidente Strukturen wie Ascheflecken oder Rötellinsen zunächst oberflächlich freigelegt. Falls diese Befunde eine gewisse Größe und Mächtigkeit aufweisen, sollte ein Kreuzprofil wie bei einem Hügelgrab (vgl. Gersbach, Kap. 5, Abb. 35) durch quadrantweises Abgraben erfolgen, bei dem die Hohlform herauspräpariert wird.

Innerhalb der Quadratmeter werden die Funde dreidimensional mit Hilfe von Meterstäben (Abb. 53) eingemessen, wobei eine Genauigkeit von einem Zentimeter angestrebt, aber eine rechtwinklige Einmessung sicher nicht immer erreichbar ist. Letztlich kommt es aber auch eher auf die relative Lage der einzelnen Fundobjekte zueinander an als auf eine absolute, ohnehin nicht erreichbare Genauigkeit. Diese dreidimensionale Einmessung entspricht derjenigen, die in Frankreich seit dem 2. Weltkrieg praktiziert wurde (Laplace u. Meroc 1954; Leroi-Gourhan 1950; Bellier u. Cattelain 1985). Die x- und y-Koordinaten werden mit dem Meterstab ermittelt. Die Tiefe, die z-Koordinate, läßt sich mit verschiedenen Hilfsmitteln bestimmen (s. o.). Bei Objekten mit weniger als 10 cm maximaler Länge wird bei x und y der Mittelpunkt angegeben. Bei dem z-Wert

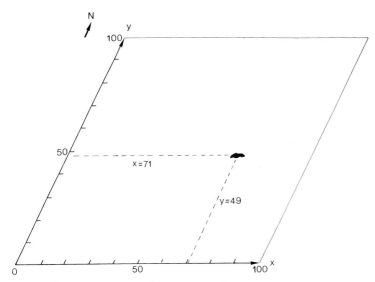

Abb. 53 Bestimmung der x-, y-Koordinaten eines Fundstücks
innerhalb eines Quadratmeters.

ist die Unterseite, die Auflagefläche bzw. deren tiefster Punkt aus-
schlaggebend. Dabei nimmt man an, daß dieser die ehemalige
Oberfläche wiedergibt. Bei Fundstücken mit einer Länge von mehr
als 10 cm werden beide Enden dreidimensional eingemessen, bei
komplizierten Objekten sogar mehrere Punkte, insgesamt so viele,
wie zur Lagebestimmung notwendig erscheinen.

Da in Höhlen häufig zahlreiche große Steine einen festen Untergrund bilden, kann man manchmal von Auflagen aus Brettern
absehen, auf denen sich die Ausgräber bewegen. Wie in alt- und mit-
telsteinzeitlichen Freiland-Ausgrabungen (Abb. 54) sind aber mindestens kleine Bretter, gegebenenfalls sogar Schalbretter oder ganze
Brettgerüste (Rutschen) vorzusehen, von denen aus der Ausgräber
die Fundanreicherungen freilegt, ohne diese durch dauerndes Be-
gehen zu stören und Funde zu beschädigen. In Höhlen mit grobem
Schutt und auf beengten Flächen werden gewöhnlich kleine Bretter
als Unterlage zum Knien oder Sitzen verwendet (Abb. 51).

Bei den Grabungswerkzeugen wird als grobes Gerät der Geolo-
genhammer (Abb. 8, 10) verwendet, jedoch nur in dem groben Block-
schutt und hier meist als Hebel, um Steine zu bewegen. In sterilem
oder fundarmem Sediment wird das lockere Erdreich mit umgeboge-

Abb. 54 Graben von einer festen Plattform aus Balken und Brettern
(Gönnersdorf bei Koblenz).

nen Schraubenziehern gelöst, wodurch Steine freigelegt werden.
Das Schlämmen gerade der als steril angesehenen Teile ist besonders
wichtig, um auch kleinste, eventuell übersehene Artefakte zu finden
und um eine komplette Mikrofaunenabfolge zu erzielen.

In fundverdächtigen oder fundführenden Sedimenten kommen
feine Grabungswerkzeuge zum Einsatz: Skalpelle, Dentistenhaken
oder Stukkateureisen (Abb. 16, 5–6; 17, 2–3. 9. 13) dienen zum
Lösen des Feinsediments, Pinsel verschiedener Größe zum Reinigen
der freigelegten Oberfläche und Ablösen von Lockermaterial. Nor-
male Kellen lassen sich wegen der besonderen Sedimentbedin-
gungen kaum einsetzen, da bei breitem, flächigem Abschaben zu
viele kleine Objekte auf einmal bewegt oder gar zerstört werden
können. Je kleiner die Flächen sind, die das Feinmaterial entfernen,
desto ungestörter bleiben die freizulegenden Fundobjekte. Daher
sind Skalpelle und Dentistenhaken sowie kleine und mittelgroße
Pinsel zur Ablösung des Feinmaterials vorzuziehen. Diese Grabungswerkzeuge müssen möglichst flach eingesetzt werden. Da
beim Freilegen die Fundobjekte klein und zudem noch lehmverkru-
stet sind, werden sie durch weiße oder farbige Heftzwecken markiert. Sonst könnten sie versehentlich bei weiteren Arbeiten oder

beim Reinigen entfernt werden. Zur Aufnahme des abgegrabenen Feinsediments dienen wegen der Beengung durch Steine häufig anstelle der üblichen Grabungs- oder Kehrbleche kleine ausgebrochene Plastikdosen o. ä. Zum Fotografieren von freigelegten Oberflächen werden die Fundobjekte mit Wasser oder Wasserzerstäubern gesäubert.

Die Grabung bzw. das Freilegen der Funde folgt Sedimentgrenzen, soweit diese mit Sicherheit überhaupt festlegbar sind. Die Kriterien hierfür sind Farbe und Struktur des Feinmaterials sowie Dichte, Größe und Beschaffenheit des Kalkschutts. Als Hilfsmittel für die Sedimentunterscheidung nach Farben dient ein optischer Vergleich, möglichst unter den sicheren Lichtbedingungen des Eingangsbereichs im Tageslicht und die Munsell Soil Color Charts. Schattenzonen zwischen Neonröhren oder sogar Lichtfelder einer einzelnen Beleuchtung, je nachdem ob sie parallel oder diagonal aufgehängt ist, können falsche Sedimentansprachen verursachen. Aber auch unterschiedlicher Druck beim Freilegen kann Sedimentgrenzen vortäuschen. Daher wird die „Fingerprobe" mit Zerreiben des Feinsediments, um den Sand-, Schluff- oder Tongehalt anzusprechen, benutzt. Als maximale Grabungstiefe in einem einheitlichen Sediment sind 5 cm festgelegt, die der jeweiligen, auch unregelmäßigen, Ausgangsoberfläche folgen. Horizontale, einnivellierte Plana, mit und ohne Berücksichtigung der Sedimentgrenzen, erschweren die Dokumentation der evidenten und latenten Strukturen. Ist das Sediment weniger mächtig, so wird entsprechend den gesehenen Grenzen weniger abgebaut. Aber nicht nur die Farbe und Zusammensetzung des Feinmaterials bereiten Probleme bei der Ansprache. Auch die Größe des Kalkschutts, der als Charakterisierung der geologischen Horizonte dient, läßt sich, z.B. bei frostzersprengten Stücken, nicht immer eindeutig festlegen.

Um eine feinere Aufteilung der relativ kleinen Grabungsfläche zu erhalten, werden die Quadratmeter in Viertel unterteilt:

Norden

c	d
a	b

Dieses System unterscheidet sich von anderen, in denen „a" in der linken oberen Ecke sitzt, wird aber wegen des Koordinatensystems dem anderen, der Leserichtung entlehnten, vorgezogen. Alles abgegrabene Sediment aus einem Viertelquadratmeter wird geschlämmt und ist somit der lage- und tiefenmäßige Bezug für die übersehenen oder nicht eingemessenen Kleinfunde.

Als allgemeine Grabungsregel wird versucht, auch kleine Knochen und Artefakte in primärer Lagerung zu erfassen, was den Vorgang stark verlangsamt. Die Objekte werden in situ belassen und von einem Ausgräber ein ganzer Quadratmeter freigelegt. Dieser sollte möglichst weitere benachbarte Flächen haben, damit ein besserer Überblick und einheitliche Abtragungstiefen gewährleistet sind. Nur wenn eine gewisse Fundanreicherung vorhanden ist, werden diese Oberflächen fotografiert (Abb. 55).

Ursprüngliche Oberflächen lassen sich oft nur bei Artefakt- und/ oder Knochenanreicherungen verfolgen. Eine Ausnahme bilden durch Knochenkohlelagen oder Rötelverfärbungen charakterisierte Oberflächen. Trotzdem lassen sich mit diesen evidenten Strukturen zeitgleiche Oberflächen erfassen, wobei die Verfärbungen aber nichts über die zeitliche Zugehörigkeit der darin, darunter oder darüberliegenden Artefakte und Knochen aussagen können, da zahlreiche Störprozesse (Wood u. Johnson 1978) den sedimentmäßigen Befund verursacht haben können.

9.5.2 Die Quadratmeter-Dokumentation

Die Fundobjekte, alle naturwissenschaftlichen Proben und die Eimer werden durch den Quadratmeter und in diesem durch die fortlaufende Fundnummer identifiziert. Zudem wird der archäologische Horizont, der „AH", auf dem Stück selbst, auf der Dokumentation auch der geologische Horizont „GH", das Sediment bzw. die Sedimentzone, verzeichnet. Die AH und GH werden anhand des Hauptprofils und der Fundanreicherung festgelegt und bei Veränderungen entsprechend modifiziert. Um zwei unabhängige Bezugssysteme, auch für die Kennzeichnung archäologisch steriler Sedimente zu haben, erhielten diese arabische, archäologische Horizonte römische Zahlen, die durch kleine Buchstaben weiter aufgeteilt werden können. Diese Informationen, zusammen mit dem Datum und dem Namen des Ausgräbers, werden auf dem sog. Inventarblatt aufgezeichnet (Abb. 56). Um Fehler sofort berichtigen zu

Abb. 55 Freigelegte Oberfläche/Gravettien (Geißenklösterle-Höhle).

F 80   Quadratmeter: 61   Datum: 7/7/80   Inventarnr. 52   Ausgräber: M. B. Mischko

Plnr.	Nr.	x	y	z	GH	AH	Neig.	Kipp.	HR	vorläufige	endgültige Best.
18	1879	27	49	127	3b	IIIb	/	⌒	4	Abschlag	Abschlag
18	1880	25	42	131	3b	IIIb	/	⌒	11	-"-	Abschlag
18	1881	27	39	132	3b	IIIb	/	◇	4	Kern	Trümmer
18	1882	22	30	132	3b	IIIb	/	?	7	Abschlag	Abschlag
18	1883	19	43	132	3b	IIIb	/	◇	9	Kern	Kern
18	1884	12	46	133	3b	IIIb	/	⌒	5	Abschlag	Abschlag
18	1885	7	43	131	3b	IIIb	—	?	10	-"-	Abschlag
18	1886	22	48	125	3b	IIIb	—			verbr. Kalk	verbrannter Kalk
18	1887	36	30	134	3b	IIIb	/	⌒	8	Abschlag	Abschlag
19	1888	40	40	133	3b	IIIb	/	▽	4	-"-	Kern
19	1889	41	46	132	3b	IIIb	/	▷	6	-"-	Klinge
20	1890	43	47	134	3b	IIIb	/	◇	6	-"-	Stichel
21	1891	33	48	125	3b	IIIb	/	◻	12	-"-	Abschlag
18	1892	34	42	134	3b	IIIb	/	◇	2	-"-	Abschlag
20	1893	27	46	132	3b	IIIb	/	▽	7	-"-	Klinge
19	1894	20	44	133	3b	IIIb	/	⌒	6	-"-	Klinge
18	1895	9	40	134	3b	IIIb	—	◁	8	-"-	Abschlag
18	1896	5	40	134	3b	IIIb	—	◖	7	Knochen	Langknochen Rentier (14C-Probe 3)
		10	47	133							
18	1897	13	24	138	3b	IIIb	/	◻	10	Kalkplatte	verbrannte Kalkplatte
18	1898	14	31	137	3b	IIIb	—	◖	9-3	Kalk	verbrannter Kalk
18	1899	21	18	135	3b	IIIb	/	◇	7	Kalkplatte, part. verbr.	teilw. verbr. Kalk platte
		23	20	137							
18	1900	34	47	130	3b	IIIb	/	◿	4	Abschlag	Abschlag
21	1901	31	48	131	3b	IIIb	/	◻	12	-"-	Abschlag
18	1902	25	33	135	3b	IIIb	/	◊	6	-"-	Abschlag
18	1903	25	35	134	3b	IIIb	/	◿	10	-"-	Abschlag
19	1904	18	32	136	3b	IIIb	/	▽	6	-"-	Klinge
20	1905	16	33	136	3b	IIIb	/	◻	4	-"-	Abschlag
19	1906	16	34	136	3b	IIIb	/	◇	8	-"-	Abschlag
18	1907	0	39	134	3b	IIIb	/	▽	6	-"-	Abschlag
18	1908	8	33	136	3b	IIIb	/	◺	6	-"-	Abschlag
18	1909	5	15	140	3b	IIIb	—	▽	6	-"-	verbr. Abschlag
18	1910	5	12	142	3b	IIIb	/	◡	6	-"-	Abschlag
19	1911	12	24	135	3b	IIIb	/	◿	12	-"-	Kernkante
19	1912	11	26	138	3b	IIIb	/	▽	6	-"-	Abschlag
19	1913	16	24	139	3b	IIIb	/	▽	10	-"-	Klinge

Beobachtung: Sehr dichte Fundstreuung, gelber Bergkies,
viele Absplisse unter 2 cm.

Abb. 56 Inventarblatt mit Lagedaten innerhalb eines Quadratmeters
(Felsställe bei Ehingen).

können, wird die gesamte Grabungsdokumentation mit dem Bleistift vorgenommen. Die Position des Stückes selbst im Quadratmeter ist durch die auf den Zentimeter genau eingemessenen x-, y-
und z-Koordinaten festgelegt.

Da angenommen wird, daß die Lage des Stückes im Sediment
Hinweise auf die Einbettungsbedingungen gibt, werden sowohl die
Neigung, d. h. die horizontale, schräge oder senkrechte Lage in der
Längsachse, als auch die Kippung, d. h. die horizontale, schräge oder

senkrechte Lage in der Querachse, letztere in einem schematisierten Querschnitt, wiedergegeben. Die Neigung ist als horizontaler, schräger oder senkrechter Strich in dem entsprechenden Feld angedeutet (Abb. 56). Da diese Angabe sehr grob ist, wurde versuchsweise in einigen Quadratmetern des Geißenklösterle die Neigung in Zehn-Grad-Schritten durch einen Winkelmesser mit Libelle ermittelt.

Die Richtung der Längsachse wird durch die Himmelsrichtung festgelegt. Bei geneigten Stücken ist sie durch den tiefsten Punkt markiert, bei horizontalen durch zwei gegenüberliegende Werte. Als Skala dient hierbei die Uhrzeit von 1 bis 12 Uhr für geneigte Artefakte und/oder Knochen, senkrechte erhalten 0 Uhr, horizontale werden wegen der Vereinfachung einer Computerkodierung von 13 bis 18 Uhr gezählt. Es stellte sich allerdings heraus, daß in einer Höhle zu viele Faktoren die Lage eines Objektes bestimmen. Hierbei spielen, wie zu erwarten, die Fallsteine eine ausschlaggebende Rolle.

Letztlich werden die Funde vorläufig bestimmt. Diese Ansprache sollte so genau wie möglich angegeben werden, um später bei eventuellen Unklarheiten eine Identifizierung zu erleichtern. Anstelle „Silex" sollten so Abschlag, Klinge, Kratzer oder Stichel und anstelle von Knochen oder Zahn möglichst eine spezifizierte Beschreibung angeführt werden.

Neben der Auflistung dieser Daten auf dem Inventarblatt werden alle eingemessenen Objekte auf einem Plan (Abb. 57) im Maßstab 1:5 eingezeichnet (Kind 1987, Abb. 5). Bei Artefakten wird am besten keine untere Größenbegrenzung vorgegeben, es sollten möglichst alle aufgenommen werden. Nur bei großem Fundanfall und Häufungen auf engstem Raum dürfen Funde unter einer Fundnummer zusammengefaßt werden. Dabei sollten trotzdem mehrere Koordinaten genommen werden, um die Konzentration räumlich festlegen zu können. Bestimmbare Knochen, Zähne und Elfenbein werden in jeder Größe eingemessen und numeriert, unbestimmbare Knochensplitter erst ab 3 cm Länge. Wegen ihrer Häufigkeit und schlechten Sichtbarkeit wird Mikrofauna, selbst Unterkiefer, nicht eingemessen, sondern nur viertelquadrat- und horizontweise in 5-cm-Lagen eingesammelt. Nur wenn eindeutige Gewölle beim Graben erkannt werden, werden diese als ein Fund behandelt.

Zur besseren Lesbarkeit erhalten die Funde Farbkodierungen, werden aber mit Bleistift umrandet. Folgende Farben werden verwendet:

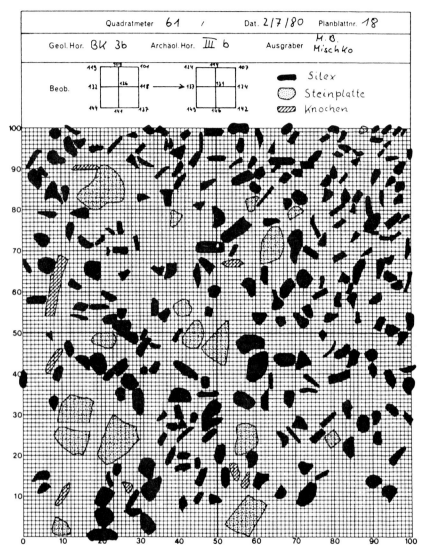

Abb. 57 Planblatt mit Tiefen-Koordinaten (Felsställe bei Ehingen).

Steinartefakte	rot
Knochen, Zähne, Elfenbein	gelb
Knochenartefakte	gelb, rot umrandet
Flußgerölle	grün
Benutzte Gerölle	grün, rot umrandet
Kalkschutt (ab 10 cm)	blauer Umriß und Grate
gebrannter Kalk	wie Kalkschutt, schräg schraffiert
Gagat	braun
Rötel	violett

Asche wird durch flächig graue, Rötelflecke durch violette, nicht umrahmte Flächen angedeutet. Holzkohle erhält einen schwarzen Punkt und wird wegen ihrer Seltenheit in Höhlen wie ein Einzelfund im Gegensatz zu den Knochenkohlen eingemessen.

Die Planblätter werden ebenfalls fortlaufend numeriert und für jeden GH oder AH neu angelegt. Ein Horizont kann mit mehreren Plänen dokumentiert werden. Um den Fortgang der Grabung verfolgen zu können, werden in der Spalte „Beobachtung" die Tiefen der Viertelquadrat-Eckpunkte und anschließend der folgenden Abtragungstiefe(n) vermerkt. Zusätzlich werden in jedem Viertelquadrat die Nummern der jeweiligen Sedimentabtragungen, die in Eimer gefüllt und geschlämmt worden sind, eingetragen. So läßt sich relativ schnell die Tiefe der einzelnen Abtragungen mit einem aus den vier Eckpunkten gemittelten Wert feststellen.

Aus den einzelnen Planblättern wird dann ein Gesamtplan erstellt, bei dem für den Druck anstelle der Farben Raster und Symbole verwendet werden.

Trotz aller Bemühungen hängt die Güte der Dokumentation von der Einarbeitung, dem Training der Ausgräber bzw. von ihrer Grabungserfahrung ab. Die Häufigkeit der erkannten Artefakte und Knochen und ihre Einzeichnung sind daher einem starken Wechsel unterworfen.

9.5.3 Behandlung der Kleinfunde und Probenentnahme

Die Kleinfunde, das sind Artefakte aus Stein, Knochen, Geweih und Elfenbein, seltener Gagat und Muscheln oder anderen Gesteinen, werden im Verlaufe der Abtragung vorsichtig freigelegt. Dabei soll möglichst wenig Kontakt mit dem Stück selbst erfolgen, um spätere mikroskopische Gebrauchsspuren-Analysen nicht zu erschweren. Bei ausreichender Größe werden die Objekte in eine passende Plastikschachtel verpackt, die Grabungsdaten mit Angaben über Fundstelle, Datum, Quadratmeter, Fundnummer, archäologischer und geologischer Horizont und vorläufiger Bestimmung auf einem selbstklebenden Etikett vermerkt. Das hat den Vorteil, daß die Artefakte und Knochen auch nach dem Waschen und Beschriften nicht umgepackt werden müssen und somit ein Arbeitsgang gespart wird. Dieses Verpacken der einzelnen Objekte in Plastikschachteln ist zwar zeit- und kostenaufwendig, hat aber den Vorzug, daß keine nachträgliche Beschädigung am Fundobjekt im Kontakt mit anderen auftreten kann.

Naturwissenschaftliche Proben werden wie Funde behandelt: Sie erhalten eine Fundnummer (fortlaufend, innerhalb des Quadratmeters) und werden daher möglichst genau dreidimensional, gegebenenfalls in einem Bereich mit mehreren Koordinaten eingemessen. Hierbei werden folgende Proben unterschieden:

– Sedimentproben für Sedimentanalysen ($1/4$ qm)
– Pollenproben (mehr als 100 g Feinmaterial)
– chemische Proben (je 2 pro qm mit je 200 g Feinmaterial)
– Spezialproben, z. B. Vergleichsproben neben Artefakten (ebenfalls mindestens 100 g Feinmaterial).

Sedimentproben werden an mehreren ausgewählten Stellen innerhalb einer Höhle genommen. Um ausreichende Probenmengen zu erhalten, wird das gesamte Material aus einem Viertelquadratmeter nach Freilegen und Entnahme der Funde einschließlich des Schutts kleiner als 10 cm in den maximalen 5 cm Abtragungen pro geologischem Horizont in saubere, feste Plastiktüten verpackt. Wegen des hohen Aufwands sind Pollenproben meist auf ein oder zwei Stellen beschränkt. Die chemischen Proben hingegen werden in der Menge von etwa 200 g aus je zwei Viertelquadratmetern (a und d) entnommen. Diese sind so angelegt, daß man damit ein einheitliches Raster bilden kann, z. B. um Phosphatverteilungen innerhalb einer Fläche zu analysieren. Spezialproben schließlich werden dann notwendig, wenn ein bestimmter Fund oder Befund chemisch analysiert werden soll. Neben dem zu untersuchenden Objekt selbst muß eine nahegelegene Vergleichsprobe vorliegen, z. B. eine aschenfreie Probe neben einer Feuerstelle.

Diese naturwissenschaftlichen Proben stellen zwar einen hohen Arbeits-, Transport- und Lagerungsaufwand dar, bilden aber die einzige Möglichkeit, während der Auswertung auftretende Probleme anzugehen und die nicht mit dem bloßen Auge sichtbaren Befunde zu analysieren.

9.5.4 Schlämmen

Bei Höhlengrabungen ist das Schlämmen, d. h. das Sieben des abgegrabenen Sediments mit Wasser, als unbedingt erforderlich zu
erachten. Das gilt erst recht für stärker unter Zeitdruck stehende urgeschichtliche Ausgrabungen, bei denen die Zahl der übersehenen
Fundstücke recht groß sein kann. Im schuttreichen Höhlenlehm
werden trotz sorgfältiger Ausgrabung (s. o.) bis zur Hälfte aller
Stücke kleiner als 20 mm wie Rückenmesser oder Anhänger beim
Schlämmen gefunden.

Das abgegrabene Sediment (maximal 5 cm) aus jedem Viertelquadratmeter wird mit einer eigenen, innerhalb der Quadratzählung
fortlaufenden Fundnummer versehen und geschlämmt. Für das
Schlämmen ist ein gestufter Siebsatz von 10 mm, 5 mm und 1 mm
Maschenweite sehr vorteilhaft, da er ein schnelleres Auslesen ermöglicht (Abb. 58; 59). Falls kein natürliches Gewässer (See, Teich
oder Bach) erreichbar ist, kann man sich mit großen Wannen be-
helfen. Zum Schlämmen ist entweder ein Hydrant oder eine elektrische, notfalls mit Hilfe eines Stromaggregats betriebene Pumpe
erforderlich. Nur bei Sondagen oder kleinen Grabungen in
schluffigem Sediment lassen sich leichte Geologen- oder Bäcker-
siebe „in Handbetrieb" verwenden.

Beim Schlämmen sollten größere Funde, alle Artefakte und Knochen oder Zähne von Großsäugern sowie Schmuckschnecken und
erst recht alle besonderen Objekte, aus den 10-mm- und 5-mm-
Sieben ausgelesen und mit der entsprechenden Quadrat- und Fund-
nummerkennzeichnung versehen zur Fundbearbeitung gehen. Der
Rückstand im Feinsieb mit der Mikrofauna, Schnecken, Holz- und
Knochenkohlen bleibt den Spezialanalysen vorbehalten. Da man
nur das finden kann, was man kennt, können nur Grabungsteilnehmer mit gewisser Vorbildung schlämmen und auslesen.

9.5.5 Profilaufnahme

Wegen der dauernden Veränderung der Sedimente, die sich nicht
voraussagen lassen, müssen relativ viele Profile erstellt werden.
Schuttreiche Höhlensedimente lassen kaum ein wirklich senk-
rechtes Profil zu. Ein Durchsägen des Kalkschutts ohne Zerstörung
des Profils ist mit den heutigen technischen Mitteln nicht möglich.
In der Geißenklösterle-Höhle hatten die Profile zunächst einen Ab-

Abb. 58 Schlämmen mit drei verschiedenen Siebsätzen
(nach Kind, Felsställe bei Ehingen).

Abb. 59 Schlämmanlage mit einer Vielzahl verschiedener Siebsätze
(Twann, Bielersee, Kt. Bern, Schweiz).

stand von 3 bis 4 m sowohl in Nord-Süd- als auch in Ost-West-Rich-
tung, aber die stärkere Sedimentdifferenzierung nach Norden zu
bedingte einen Meterabstand der Ost-West-Profile (Hahn, 1988).
Allerdings sind die Nord-Süd-Profile weniger zahlreich. Es erwies
sich als schwierig, die gleichzeitige notwendige flächige Abdeckung
mehrerer Quadratmeter mit einer ausreichenden Profildichte zu
verbinden. Auch das „Ansetzen" der Profile nach unten, bedingt
durch die langsamen, immer wieder unterbrochenen Grabungsarbeiten, ist nicht immer problemlos. Der daraus resultierende
Profilplan ist entsprechend uneinheitlich. Als Minimum sind alle
zwei Meter ein Längs- und ein Querprofil zu fordern, jedoch wird
aus grabungstechnischen Gründen eine solche Forderung nicht
immer einzuhalten sein.

Wetzel (1961) entwickelte bei seinen Ausgrabungen im Lonetal das sog. Bajonettverfahren, bei dem jeweils ein Quadratmeter in „Hieben" von 10–20 cm abgegraben, die Profile aber auch nur in einer Richtung relativ grob gezeichnet wurden. Dann wurden beide Nachbarquadrate abgegraben. Wegen der heute notwendigen flächigen Freilegung läßt sich diese quadratmeterweise Grabung nicht mehr durchführen.

Die Profile selbst lassen sich wegen der unregelmäßigen, oft wegen des Schutts nicht einmal senkrechten Wände oder aufgrund der Raumnot mit einem Feldpantographen bzw. einem Kartomaten in seiner derzeitigen Auslegung (s. Abb. 32–34) nur bedingt oder gar nicht aufnehmen. Daher wird zum einen die traditionelle Technik des direkten, steingerechten Zeichnens angewendet: Von einer einnivellierten Schnur aus werden mit Wasserwaage und Meterstab Steine und Sedimentgrenzen erfaßt. Die Sedimentgrenzen werden häufig zur besseren Sichtbarkeit mit dünnen hellen Fäden markiert. Auf der Profilzeichnung wie auch der Umzeichnung, hier aus der Spitzbubenhöhle (Hahn 1984, Abb. 9), werden keine festen Sedimentgrenzen angegeben. Eine durchgehende Linie würde eine Erosionsdiskordanz angeben. Etwas aufwendiger, aber genauer ist das quadratmeterweise Fotografieren von Profilen, die dann relativ verzerrungsfrei im Maßstab 1 : 10 zusammengesetzt das gesamte Profil ergeben. Das setzt aber eine Entwicklungs- und Vergrößerungsmöglichkeit in Nähe der Grabung voraus.

Die Profile werden wie üblich mit Farbstiften möglichst naturähnlich koloriert, wobei Sedimentabriebe auf weißem Papier als Anhaltspunkt für die Sedimentfarbe dienen. Mindestens ebenso wichtig ist die Beschreibung und Farbansprache mittels Farbkarten.

Da Höhlengrabungen gewöhnlich sich über mehrere Jahre hinziehen, müssen gerade die Profilwände besonders geschützt werden. In der Geißenklösterle-Höhle stellte sich erst nach längerer Zeit heraus, daß freistehende Wände durch Plastikplanen die grabungsfreie Zeit hindurch abgedeckt werden müssen. Denn im Frühjahr werden durch die Wassersättigung und häufiges Gefrieren starke Volumenänderungen im Feinsediment erzeugt, die den Versturz von freistehenden Profilen hervorrufen.

9.5.6 Beschreibung der Profile und Befunde

Die Profilbeschreibung wird nach den von Laville u. a. (1980) aufgeführten Gesichtspunkten vorgenommen. Hierbei werden der Schuttanteil und seine Ausprägung sowie Feinmaterial mit Textur, Struktur, Farbe und Schichteinfall angegeben. Diese vorläufige Profilbeschreibung ist gegebenenfalls durch die auf der Sedimentanalyse basierenden richtigen Ansprache, vor allem bei dem Feinmaterial, zu ersetzen. Bei dem Schutt wird eine grobe Klassifizierung nach Häufigkeit der verschiedenen Größenkomponenten, nach dem Grad der Verrundung und möglichen Frostsprengungen vorgenommen. Das Feinmaterial wird nach den drei Hauptkomponenten – Ton, Schluff und Sand – beurteilt; die Textur nur nach locker oder fest geschätzt. Mit der Struktur werden Schichtungen und Bruchmuster des Feinsediments erfaßt. Die Farbe der Profile selbst wird mit Farbkarten, am besten mit den Munsell Soil Color Charts ermittelt, zu denen preiswertere japanische Äquivalente existieren. Die DIN-Farbkarten sind direkt im Gelände weniger gut einsetzbar. Wichtig ist hierbei, daß die Ansprache möglichst bei gleichem Licht und Trockenheitszustand durchgeführt wird.

9.6 Die Grabungstagebücher

Wegen der besonderen Organisation von Höhlengrabungen werden zwei Arten von Grabungstagebüchern geführt: einmal das allgemeine des Grabungsleiters und weiter ein Quadrattagebuch, das jeder Ausgräber tageweise im Laufe der Grabung ausfüllt. Im allgemeinen Tagebuch werden alle den Grabungsablauf betreffenden Informationen festgehalten: Wetter, Teilnehmer, Arbeitszeiten, gegrabene Quadratmeter und Horizonte, aber auch eine Zusammenfassung der archäologischen Befunde und die wichtigen Funde. Zudem werden hier die Profilbeschreibungen eingetragen.

Die Informationen aus dem Grabungstagebuch, die versuchen, eine Synthese der täglich auftretenden Probleme und Ergebnisse darzustellen, reichen bei detaillierten Fragen jedoch nicht aus. Daher wurde ein Grabungstagebuch für jeden einzelnen Quadratmeter eingeführt, das jeder Ausgräber im Laufe und vor allem am Ende des Tages ausfüllt. Hierin sollen vor allem die Sedimente und ihre Veränderungen, aber auch Befunde und Funde angesprochen und beschrieben werden. Um die täglichen Ereignisse mit der anderen

Dokumentation korrelieren zu können, werden die Grabungs-
tiefen, Inventar- und Planblätter ebenfalls aufgeführt sowie die
Inventarnummern und Art wichtiger Fundstücke.

Falls ein Computer auf der Grabung zur Verfügung steht, sollte
das allgemeine Grabungstagebuch zumindest darauf mit einem
Textverarbeitungssystem wie Word oder Wordstar geführt und entsprechend sofort ausgedruckt werden. Auf diese Weise lassen sich
die Informationen sinnvoll speichern und selbst mit einfacher Text-
Software nach bestimmten Stichworten hin absuchen. Somit wird
ein langwieriges Blättern und eventuell ein mühevolles Lesen hand-
schriftlicher Aufzeichnungen vermieden.

9.7   Verarbeitung der Funde und Schlämmreste auf der Grabung

Das Hauptproblem bei Höhlen- und Abrigrabungen allgemein
stellt das Aussuchen der Schlämmreste dar. Wegen des hohen An-
teils der Mikrofauna und teilweise auch der Knochenkohle kann oft
nur ein Teil aller Schlämmreste ausgesucht werden. Das beeinträchtigt die Auswertung der kleinen Artefakte, z. B. auch der rücken-
retuschierten Objekte oder sogar Anhänger in hohem Maße. Diese
können noch in Schlämmresten verborgen sein. Da die großen Artefakte im Schlämmaterial aber relativ selten sind, ist das Zusammensetzen und das Abschätzen der ursprünglichen Artefaktmengen
nicht so stark betroffen.

Größere, einzeln eingemessene Artefakte aus Stein werden bereits auf der Grabung gewaschen und beschriftet, soweit sie nicht als
„archäochemische Probe" vorgesehen sind. In diesem Fall werden
sie möglichst ohne Berührung mit den Händen freigelegt, eingemessen, verpackt und sollen mit Hilfe möglicher chemischer Reste
und mikroskopischer Gebrauchsspuren Hinweise auf ihren Gebrauch geben. Knochen, Geweihstücke, aber hauptsächlich Elfenbein und Zähne müssen nach der Freilegung möglichst bald konser-
viert werden. Hierzu wird verdünnter, wasserlöslicher Holzleim
benutzt, mit dem auch gebrochene Fragmente geklebt werden.

Die Kontrolle der Grabungsdaten, Fundbeschriftungen und
Quadrattagebücher erfolgt gewöhnlich eher stichprobenartig. Dies
beschränkt sich neben mehr zufälligen Stichproben meist auf die
Dokumentation von weniger erfahrenen Ausgräbern, um sicher zu
gehen, daß alle Daten stimmen. Vorzuziehen ist eine Kontrolle noch
auf der Grabung (Albrecht 1979, 16), was ohne den direkten Einsatz

PETERSFELS **P3**   Qum. **F/22**   Nr. **63**

Datum **28. 4. 76**	Ausgräber *Heeres*		
Inv.-Nr. **3**	Plan-Nr. **1**		
x **26**	y **45**		z **689**
AH **1/2**	GH **BK**		
Neig. ⌐	Kipp. △	H. R. **8**	
Bestim. **ABSCHLAG**			
L **28**	B **18,5**	D **7,9**	G
Rohmat. **1**			

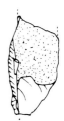

Abb. 60 Beispiel einer Fundkartei, die auf der Grabung angelegt wird
(nach Albrecht, Petersfels bei Engen).

von Computern mindestens eine weitere Arbeitskraft erfordert
(Abb. 60). Allerdings besteht dann die Gefahr, daß wegen der reduzierten Grabungsfläche und der erhöhten, oft scheinbaren Genauigkeit u. U. keine Aussagen über evidente und erst recht latente Strukturen möglich sind. Die nachträgliche Kontrolle enthält zwar eine
größere Ungenauigkeit, wenn die einzelnen Ausgräber während der
Ausgrabung nicht richtig informiert und kontrolliert worden sind,
berücksichtigt aber die tatsächlichen Finanzierungsmöglichkeiten.
Grabungen sind gegenüber den kostenintensiven Auswertungen
eher zu finanzieren. Das Problem einer richtigen Grabungsmethodik und Auswertung ist somit nicht nur im theoretischen Ansatz,
sondern auch in den Finanzierungsmöglichkeiten zu suchen. Wenn
eine grabungsbegleitende Auswertung vorgenommen wird, dann
müssen aber mehr Daten aufgenommen als bei Albrecht (1979,
Abb. 4) gezeigt werden (Abb. 60), damit der Aufwand nicht eher
vergrößert wird.

9.8 Perspektiven

Nach mehr als fünfzehn Jahren Höhlengrabungen sollen die folgenden Zeilen zur Grabungstechnik den Zukunftsperspektiven gewidmet sein. Wegen der speziellen Fundsituation mit in primärer

Lagerung befindlichen Strukturen und Funden sollte man Höhlen nicht mit einfachen Grabungstechniken ausräumen. Ein wichtiger Beitrag zur Verminderung des Aufwandes, d. h. Zeit- und Geldersparnis, wird im Einsatz von Computern gesehen. Wenn die archäologischen Horizonte sich mehr oder weniger gut während der Grabung verfolgen lassen, so schließt das eine spätere postsedimentäre Änderung nicht aus. Um bereits während der Grabung eine dauernde Kontrolle ausüben zu können, müßten die Daten direkt mit EDV abgespeichert und abrufbar sein. Fundprojektionen könnten hierbei eine Entscheidungshilfe über Schichtzusammenhänge und -neigungen geben, selbst wenn nur einfache Klassifizierungen wie Artefakt, Knochen, gebrannter Kalk u. ä. verwendet werden. Dieser Informationsrückfluß mit Hilfe von direkter Datenaufnahme und Datenauswertung ließ sich bisher aus technischen und finanziellen Gründen nicht verwirklichen. Die Menge der am Tag aufgezeichneten Daten macht eine grabungsbegleitende herkömmliche Auswertung von Hand wegen der Zeit/Kosten-Ineffizienz wenig wirkungsvoll. Das wird z. B. daran deutlich, daß bei Projektionen nicht nur orthogonale, sondern gerade in der Grabungsachse verschobene Darstellungen, die die echte Hangneigung wiedergeben, möglich sein müssen.

Bereits auf der Grabung sollten die Grabungsdaten direkt auf einen Datenträger abgespeichert werden. Ob das über ein externes Handterminal geschieht und später auf ein größeres System überspielt oder direkt in einen Kleincomputer eingegeben wird, ist nebensächlich. Auf jeden Fall spart man eine spätere Datenkodierung und Übertragung. Bereits während der Grabung lassen sich somit die Kontrolle der Grabungsdaten verbessern und z. B. Fundprojektionen, Listen etc. erstellen. Ob direkte Vermessungshilfen die Lagekoordinaten direkt aufzeichnen, ist wegen des hohen Aufwandes noch fraglich. Verbessert werden sollte die parallele Kontrolle der Dokumentation und Funde, die bei der Auswertung erhebliche Zeitprobleme verursacht. Das ist mit Fehlersuchroutinen relativ einfach durchzuführen. Wegen des personellen Aufwandes war das bei den bisherigen Grabungen nicht erfolgt, stellte sich aber bei Auswertungen als unbedingt erforderlich heraus.

Eine weitere Verbesserung der Dokumentation läßt sich mit Hilfe der Videotechnik absehen. Zum einen können grabungsbegleitende Videoaufnahmen die allmählichen Veränderungen aufzeigen, die u. U. beim allgemeinen Grabungsablauf nicht bewußt werden. Zum anderen lassen sich Videobilder mit einem Personal Computer weiter verarbeiten, grafisch umsetzen und/oder digitalisieren. Mit ausreichender, z.Z. noch nicht erreichter Auflösung lassen sich so Videoaufnahmen von Quadrat- oder Viertelquadratmetern binnen Minuten zeichnerisch umsetzen, als Vorlagen beim Herausnehmen der Funde verwenden und anschließend mit einem Digitalisierer an den endgültigen Stand anpassen und sogar die Fundnummern eintragen. Eine solche bildhafte Dokumentation und Datenverarbeitung würde die urgeschichtlichen Höhlengrabungen ebenso weiterbringen wie Vermessungshilfen, mit denen ein Fundobjekt dreidimensional eingemessen und die Koordinaten direkt abgespeichert werden.

9.9 Literatur zu Höhlengrabungen

G. Albrecht, Magdalénien-Inventare vom Petersfels. Siedlungsarchäologische Ergebnisse der Ausgrabungen 1974–1976. Tüb. Monograph. Urg. 6, Tübingen 1979.

C. Bellier – P. Cattelain, Méthode d'approche des sites paléolithiques. Ausstellung Centre d'Etudes et de Documentation Archéologiques Viroinval 1985.

K. W. Butzer, Archaeology as human ecology. Cambridge 1982.

E. Cziesla, E. 1986: Über das Zusammenpassen geschlagener Steinartefakte. Archäolog. Korrbl. 16, 1986, 251–265.

J. Hahn, Die steinzeitliche Besiedlung des Eselsburger Tales bei Heidenheim (Schwäbische Alb). Forsch. und Berichte zur Vor- und Frühgesch. in Baden-Württ. 17, Stuttgart 1984.

J. Hahn, Das Geißenklösterle im Achtal bei Blaubeuren. I. Fundhorizontentstehung und Besiedlung im Mittelpaläolithikum und Aurignacien. Forsch. u. Ber. zur Vor- u. Frühgeschichte in Bad.-Württ. 26, Stuttgart 1988.

J. Hahn – A. Scheer – N. Symens, Höhlen als Unterschlupf für Mensch und Tier. In: D. Planck (Hrsg.). Der Keltenfürst von Hochdorf. Methoden und Ergebnisse der Landesarchäologie, 211–245, Stuttgart 1985.

G. Laplace – L. Meroc, Application des coordonnées cartésiennes à la fouille d'un gisement. Bull. S. P. F. LI, 1954, 58–66.

H. Laville, Climatologie et chronologie du Paléolithique en Périgord. Etude sédimentologique de dépôts en grottes et sous abris. Etudes Quatern. 4, Marseille 1975.

H. Laville – J.-Ph. Rigaud – J. Sackett, Rockshelters of the Perigord:

geological stratigraphy and archaeological succession. New York 1980.

C. Lauxmann – A. Scheer, Zusammensetzungen von Silexartefakten. Eine Methode zur Überprüfung archäologischer Einheiten. Fundberichte aus Baden-Württ. 11, 1986, 101–131.

A. Leroi-Gourhan, Les fouilles préhistoriques (technique et méthodes). Paris 1950.

A. Leroi-Gourhan – M. Brézillon, Fouilles de Pincevent. Essai d'analyse ethnographique d'un habitat magdalénien. VII. Suppl. à Gallia Préhist., Paris 1972.

M. H. Newcomer – G. de G. Sieveking, Experimental flake scatterpatterns: a new interpretative technique. Journal of Field Archaeology 7, 1980, 3, 345–352.

G. Riek, Die Eiszeitjägerstation am Vogelherd. Bd. 1: Die Kulturen. Tübingen 1934.

E. Schmidt, Höhlenforschung und Sedimentanalyse. Schrift. des Inst. für Ur- u. Frühg. der Schweiz 13, Basel 1958.

N. Symens, Mikroskopische Analyse der Oberfläche von Steinartefakten. In: Hahn 1988, 59–66.

R. Wetzel, Die Bocksteinschmiede. 1. Teil, Stuttgart 1958.

R. Wetzel, Der Hohlestein im Lonetal. Dokumente alteuropäischer Kulturen vom Eiszeitalter bis zur Völkerwanderung. Mitteil. des Vereins für Naturwissensch. u. Mathematik in Ulm 26, 1961, 21–75.

W. R. Wood – D. L. Johnson, A survey of disturbance processes in archaeological site formation. In: M. B. Schiffer (Hrsg.): Advances in archaeological method and theory, 315–381, New York 1978.

LITERATURVERZEICHNIS

I. Prospektionsmethoden. Auswahl neuerer Veröffentlichungen

Luftbildprospektion

O. Braasch, Luftbildarchäologie in Süddeutschland, 1983.

J. A. Brongers, Air Photography and Celtic Field Research in the Netherlands, 1976.

L. Deuel, Flug ins Gestern. Geschichte der Luftarchäologie, 1972.

G. Krahe, Luftbildarchäologie mit dem Motorsegler, in: Jahresbericht der Bayerischen Bodendenkmalpflege 21, 1980, 17 ff.

A. M. Martin, Luftbildarchäologie in der modernen Forschung, in: Bildmessung und Lufbildwesen 38, 1968, 17 ff.

J. K. S. Saint Joseph, The Uses of Air Photography, 1966.

S. Schneider, Luftbildinterpretation, 1960.

I. Scollar, Archäologie aus der Luft. Schriften des Rheinischen Landesmuseums Bonn 1, 1965.

D. R. Wilson, Air Photo Interpretation for Archaeologists, 1982.

R. Zantopp, Luftbildarchäologie. Neue Konzepte und Ergebnisse der Luftbildarchäologie im Rheinland, in: Das Rheinische Landesmuseum Bonn. Berichte aus der Arbeit des Museums 1–2, 1987, 1 ff.

Prospektion mit Hand- oder Motorbohrer

B. Becker – A. Billamboz – B. Dieckmann – M. Kokabi u. a., Berichte zu Ufer- und Moorsiedlungen Südwestdeutschlands 2, in: Landesdenkmalamt Baden-Württemberg. Materialhefte zur Vor- und Frühgeschichte in Baden-Württemberg 7, 1985, Abb. 3.

A. Billamboz – H. Schlichtherle, Moor und Seeufersiedlungen. Die Sondagen 1981 des 'Projekts Bodensee – Oberschwaben', in: Archäologische Ausgrabungen in Baden-Württemberg 1981, 36 f. Abb. 18.

K. Brandt, Untersuchungen zur kaiserzeitlichen Besiedlung bei Jemgumkloster und Bentumersiel (Gem. Holtgast, Kreis Leer) im Jahre 1970, in: Neue Ausgrabungen in Niedersachsen 7, 1972, 145 ff. Abb. 2–5.

G. Gassmann, Zur Bohrkampagne Zumsweier 1985, in: Archäologische Nachrichten aus Baden 36, 1986, 23 ff.

W. Haarnagel, Die Grabung Feddersen Wierde. Methode, Hausbau, Siedlungs- und Wirtschaftsformen sowie Sozialstruktur II, 1979, 32 ff. Abb. 17.

D. Kirchner, Versuch einer Rekonstruktion des Ortsgrundrisses der Wüstung Frimole (Vredewolt), Gem. Hardegsen (Kr. Northeim) mit Hilfe von Handbohrungen, in: Göttinger Jahrbuch 1978, 67 ff.

C. M. Lerici, I nuovi metodi di prospezione archeologica alla scoperta delle civiltà sepolte, 1960.

C. M. Lerici, Periscope Camera Pierces Ancient Tombs to Reveal 2.500 Year-Old Frescoes, in: National Geographic Magazine 116, 1959, 336 ff.

C. M. Lerici, Methods used in the Archaeological Prospecting of Etruscan Tombs, in: Studies in Conservation 6, 1961, 1 ff.

H. Schlichtherle, Urgeschichtliche Feuchtbodensiedlungen in Baden-Württemberg. Der Aufgabenbereich des ›Projektes Bodensee – Oberschwaben‹, in: Denkmalpflege in Baden-Württemberg 9, 1980, 102, Abb. 10, a–b.

Geophysikalische Prospektion

A. Adlung, Die geophysikalische Suche und Erkundung archäologischer Objekte in der DDR, in: Ausgrabungen und Funde 28, 1983, 37 ff.

H. Becker – R. Christlein – P. S. Wells, Die hallstattzeitliche Siedlung von Landshut-Hascherskeller, Niederbayern, in: Archäologisches Korrespondenzblatt 9, 1979, 285 ff.

H. Becker, Verarbeitung magnetischer Prospektionsmessungen als digitales Bild, in: Das archäologische Jahr in Bayern 1984 (1985) 184 Abb. 130–131.

H. Becker – J. Petrasch, Prospektion eines mittelneolithischen Erdwerkes bei Künzing-Unternberg, in: Das archäologische Jahr in Bayern 1984 (1985) 34 Abb. 6.

H. Becker – O. Braasch – J. Hodgson, Prospektion des mittelneolithischen Grabenrondells bei Viecht, Gemeinde Eching, Landkreis Landshut, Niederbayern, in: Das archäologische Jahr in Bayern 1985 (1986) 38 ff. Abb. 9.

H. Becker, Magnetische Prospektion eines neolithischen Langhauses bei Baldingen, Stadt Nördlingen, Landkreis Donau-Ries, Schwaben, in: Das archäologische Jahr in Bayern 1986 (1987) 35 ff. Abb. 8.

H. Becker, Das mittelneolithische Grabenrondell von Schmierdorf, Stadt Osterhofen, Landkreis Deggendorf, Niederbayern, in: Das archäologische Jahr in Bayern 1986 (1987) 37 ff. Abb. 9.

J. Görsdorf, Magnetische Erkundung archäologischer Objekte, in: Zeitschrift für Archäologie 16, 1982, 231 ff.

Proceedings of the 18th International Symposium on Archaeometry and Archaeological Prospection. Bonn 14–17 March 1978, in: Archaeo-Physika 10, 1979.

I. Scollar, Einführung in neue Methoden der archäologischen Prospektion, in: Kunst und Altertum am Rhein 22, 1970.

I. Scollar, Wissenschaftliche Methoden bei der Prospektion archäologischer Fundstätten, in: Ausgrabungen in Deutschland, gefördert von der Deutschen Forschungsgemeinschaft 1950–1975. Teil 3, 1975, 158 ff.

II. Grabungstechnik

Auswahl neuerer Fachbücher und Beiträge in Fachzeitschriften

J. Alexander, The Directing of Archaeological Excavations, 1970.

G. Barker, To sieve or not to sieve, in: Antiquity 49, 1975, 61 ff.

Ph. Barker, The Techniques of Archaeological Excavation, 1977.

H. Born, Bergung und Aufbewahrung als wichtige Konservierungsvoraussetzungen bei Metallfunden, in: Arbeitsblätter für Restauratoren 15, 2, 1982, Gr. 20, 54 ff.

J. A. Brongers, A Chemical Method for Staining Planes and Profiles in an Archaeological Excavation, in: Berichten van de Rijksdienst voor het oudheidkundig bodemonderzoek 12–13, 1962–63, 590.

D. Brown, Principles and Practice in Modern Archaeology, 1975.

J. Coles, Field Archaeology in Britain, 1977.

W. Erdmann, Zur archäologischen Arbeitsweise in natürlichen Schichten, in: Archäologie in Lübeck 1980, 138 ff.

E. Gersbach, Der Kartomat, eine neu entwickelte Feldzeichenmaschine, in: Archäologie und Naturwissenschaften 1, 1977, 93 ff.

E. Gersbach, Ausgrabungsmethodik und Stratigraphie der Heuneburg. Heuneburgstudien VI. Römisch-Germanische Forschungen 45 (1988).

R. Hachmann, Vademecum der Grabung Kamid el-Loz, in: Saarbrücker Beiträge zur Altertumskunde 5, 1969.

E. C. Harris, Units of Archaeological Stratification, in: Norwegian Archaeological Review 10, 1977, 84 ff.

E. C. Harris, Principles of Archaeological Stratigraphy, 1979.

K. Hietkamp, Das merowingerzeitliche Gräberfeld von Neudingen – Probleme einer Ausgrabung, in: Arbeitsblätter für Restauratoren 20, 1, 1987, Gr. 20, 134 ff.

M. Joukowski, A Complete Manual of Field Archaeology. Tools and Techniques of Field Work for Archaeologists, 1980.

D. Klonk, Ein weiterer Umbau des Feldpantographen Typ P 7 von Eichstädt, in: Arbeitsblätter für Restauratoren 19, 2, 1986, Gr. 20, 130 ff.

H.-J. Köhler – H. A. Lang, Einsatz umgerüsteter Feldpantographen auf einer großflächigen Grabung, in: Arbeitsblätter für Restauratoren 19, 2, 1986, Gr. 20, 126 ff.

G. Kohl, Empfehlungen zur Entnahme und Behandlung von Proben für die Radiocarbondatierung, in: Ausgrabungen und Funde 8, 1963, 114 f.

G. Kossack – J. Reichstein – O. Harck, Archsum auf Sylt, Teil 1. Archäologische Geländeforschung 1963–1978, in: Römisch-Germanische Forschungen 39, 1980, 144 ff.

C. G. Kullig, Die Blockbergung einer neolithischen Hockerbestattung, in: Arbeitsblätter für Restauratoren 20, 2, 1987, Gr. 20, 154 ff.

H.-J. Kunkel, Zur Bergung fragiler Funde, in: Arbeitsblätter für Restauratoren 14, 1, 1981, Gr. 20, 44 ff.

J. M. Lengler, Eine neue Methode zur Bergung ausgegrabener Wandmalereien, in: Arbeitsblätter für Restauratoren 15, 2, 1982, Gr. 20, 96 ff.

F. G. Maier, Neue Wege in die alte Welt. Methoden der modernen Archäologie, 1977.

F. Maurer, Der Feldpanthograph – ein Zeichengerät für archäologische Ausgrabungen und Bauforschungen, in: Arbeitsblätter für Restauratoren 17, 1, 1984, Gr. 20, 64 ff.

R. A. Munnikendam, Vorbemerkungen zur Festigung poröser Baumaterialien durch Tränkung mit Monomeren, in: Studies in Conservation 12 (4) 1967, 158 ff.

E. Nylén, Documentation and Preservation. Technical Developpement in Swedish Archaeology, in: Fornvännen 70, 1975, 213 ff.

M. Spies, Eine In-situ-Bergung eines römischen Töpferofens, in: Arbeitsblätter für Restauratoren 20, 1, 1978, Gr. 20, 144 ff.

K. Ulrich, Härtung vorgeschichtlicher Keramikfunde während der Grabung, in: Arbeitsblätter für Restauratoren 13, 2, 1980, Gr. 20, 43.

F. Waih, Die Ausformung prähistorischer Abdrücke von Getreide- und Samenkörnern mittels Latex, in: Der Präparator – Zeitschrift für Museumstechnik 3, 1, 1957, 17 ff.

G. Webster, Practical Archaeology: An Introduction to Archaeological Field Work and Excavation, 1974.

M. Wheeler, Archaeology from the Earth, 1954; deutsch: Moderne Archäologie, 1960.

P. Wihr, Neue Anwendungsmöglichkeiten von Latexkonzentraten, in: Der Präparator – Zeitschrift für Museumstechnik 6, 1960, 51 ff.

P. Wihr, Erfahrungen bei der Bergung und Konservierung römischer Wandmalereien und Mosaiken, in: Arbeitsblätter für Restauratoren 1, 1968, Gr. 7, 1 ff.

P. Wihr, Alte und neue Methoden der Mosaikrestaurierung, in: Arbeitsblätter für Restauratoren 12, 2, 1979, Gr. 7, 78 ff.

Auswahl von Arbeiten zur Fototechnik auf Grabungen

J. I. Buettner, Use of Infrared Photography in Archaeological Field Work, in: American Antiquity 20, 1954, 84 f.

W. Clarc, Photography by Infrared: Its Principle and Application, 1946.

M. Claus – D. Weber, Senkrechtphotografie zur Dokumentation von Ausgrabungsbefunden, in: Nachrichten aus Niedersachsens Urgeschichte 42, 1973, 347 ff.

V. M. Conlon, Camera Techniques in Archaeology, 1973.

M. Cookson, Photography for Archaeologists, 1954.

D. Fleming, A simple wooden Bipod for vertical Photography. University of London, Bulletin 15, 1978, 131 ff.

P. L. O. Guy, Balloon Photography and Archaeological Excavation, in: Antiquity 6, 1932, 148 ff.

H.-J. Kunkel, Das Erkennen von Bodenverfärbungen mittels Infrarot-Falschfarben-Fotografie, in: Arbeitsblätter für Restauratoren 10, 2, 1977, Gr. 19, 93 ff.

H.-J. Kunkel, Drachen als Kameraträger für Luftaufnahmen im Nahbereich, in: Arbeitsblätter für Restauratoren 18, 1, 1985, Gr. 20, 96 ff.

S. K. Matthews, Photography in Archaeology and Art, 1968.

E. Nylén, Lodtfotografering, in: Tor 1949–1951, 16 ff.

E. Nylén – B. Ambrosiani, A Turred for Vertical Photography, in: Antikvarisk Arkiv 24, 1964, 175 ff.

J. Reichstein, Schwarz-Weiß-Infrarotphotographie als Hilfsmittel für die Analyse schwer beobachtbarer Befunde, in: Offa 31, 1974, 108 ff.

III. Naturwissenschaftliche Methoden im Dienst der Archäologie

Neuere Lehrbücher und Übersichtsartikel

M. Aitken, Physics and Archaeology, [2]1974.

K. E. Behre, Der Wert von Holzartenbestimmungen aus vorgeschichtlichen Siedlungen (dargestellt an Beispielen aus Norddeutschland), in: Neue Ausgrabungen und Forschungen in Niedersachsen 4, 1969, 348 ff.

J. Boessneck (Hrsg.), Archäologisch-biologische Zusammenarbeit in der Vor- und Frühgeschichtsforschung. Münchener Kolloquium 1967 (1969).

G. Drews, Archäometrie – ein interdisziplinäres Arbeitsgebiet, in: Fortschritte der Mineralogie 55, 1978, 197 ff.

B. Hrouda (Hrsg.), Methoden der Archäologie, 1978.

H. Mommsen, Archäometrie. Neue naturwissenschaftliche Methoden und Erfolge in der Archäologie, 1986.

J. Riederer, Archäologie und Chemie – Einblicke in die Vergangenheit, 1987.

R. C. A. Rottländer, Einführung in die naturwissenschaftlichen Methoden der Archäologie. Archaeologica Venatoria 6, 1983.

M. S. Tite, Methodes of physical examination in Archaeology, 1972.

Auswahl neuerer Arbeiten zur Bestimmung von Gefäßinhalten

J. Condamin – F. Formenti, Détection du contenu d'amphores antiques (huil, vin), Etude méthodologique, in: Revue d'Archéometrie 2, 1978, 43 ff.

H. Müller-Beck – R. Rottländer (Hrsg.), Naturwissenschaftliche Untersuchungen zur Ermittlung Prähistorischer Nahrungsmittel. Ein Symposionsbericht. Archaeologica Venatoria 5, 1983.

R. C. A. Rottländer – I. Hartke, New Results of Food Identification by Fatt Analysis, in: Proc. 22^e Symposion on Archaeometry, Bradfort 1982, 216 ff.

R. C. A. Rottländer – H. Schlichtherle, Gefäßinhalte. Eine kurz kommentierte Bibliographie. Naturwissenschaftliche Beiträge zur Archäologie, in: Archaeo-Physika 7, 1980, 61 ff.

W. Sandermann, Untersuchung vorgeschichtlicher „Gräberharze" und Kitte, in: Technische Beiträge zur Archäologie 2, 1965, 58 ff.

Auswahl neuerer Veröffentlichungen zur Dendrochronologie und Radiocarbondatierung

M. G. Baillie, Belfast Dendrochronology: The Current Situation, in: B. Ottaway (Hrsg.), Archaeology Dendrochronology and the Radiocarbon Calibration Curve. University of Edinburgh. Occasional Paper 9, 1983.

B. Becker, Fällungsdaten römischer Bauhölzer anhand einer 2350jährigen süddeutschen Eichen-Jahrringchronologie, in: Fundber. aus Baden-Württemberg 6, 1981, 369 ff.

B. Becker u. a., Dendrochronologie in der Ur- und Frühgeschichte. Antiqua 11, 1985.

B. Becker – B. Schmidt, Verlängerung der mitteleuropäischen Eichenjahrringchronologie in das zweite vorchristliche Jahrtausend (bis 1462 v. Chr.), in: Archäologisches Korrespondenzblatt 12, 1982, 101 f.

R. Berger – H. E. Suess (Hrsg.), Radiocarbondating, 1979.

D. Eckstein (Hrsg.), Dendrochronological Dating. Handbooks for Archaeologists 2, 1984.

E. Hollstein, Mitteleuropäische Eichenchronologie. Trierer Grabungen und Forschungen 11, 1980.

W. F. Libby, Radiocarbon Dating, 1952.

W. G. Mook – H. T. Waterbolk, Radiocarbon Dating. Handbooks for Archaeologists 3, 1985.

B. Schmidt – H. Schwabedissen, Ausbau des mitteleuropäischen Eichenjahrringkalenders bis in die neolithische Zeit, in: Archäologisches Korrespondenzblatt 12, 1982, 107 f.

ABBILDUNGSNACHWEIS

Alle nicht gekennzeichneten Fotos und Zeichnungen sind Vorlagen des Autors. Die Zeichnungen wurden größtenteils von H.-J. Frey, Institut für Vor- und Frühgeschichte Tübingen, und B. Mark angefertigt.

1. Fotos

Institut für Vor- und Frühgeschichte der Universität Tübingen, Projekt Heuneburg: 3. 23. 25. 32. 33.

Landesdenkmalamt Baden-Württemberg, Archäologische Denkmalpflege, Außenstelle Tübingen: 27. 36. 40. 43. 44.

Dr. G. Albrecht, Institut für Urgeschichte der Universität Tübingen: 58.

Archäologie der Schweiz 7, 2, 1984, 45 Abb. 3: 59.

G. Bosinski, Gönnersdorf. Veröff. des Landesmuseums Koblenz 7, 1981, 19 Abb. 2: 60.

Foto Faiss, Rottenburg: 45.

Gallia Préhistoire 16, 1976, 287 Abb. 55: 42, 2.

Gallia Préhistoire 23, 1980, 487 Abb. 9: 42, 1.

A. Orcel, Die neolithischen Ufersiedlungen von Twann 4, 1978, 20 Abb. 8: 48.

Th. Stephan, Institut für Urgeschichte der Universität Tübingen: 51.

2. Zeichnungen

Abb. 15. 21. 23. 24. 26: nach E. Gersbach, Ausgrabungsmethodik und Stratigraphie der Heuneburg. Römisch-Germanische Forschungen 45 (1988) Abb. 8. 12. 13. 14.

Abb. 38: nach R. Annaert – L. Van Impe, Archaeologia Belgica 1, 2, 1985, 38 Abb. 2.

Abb. 41: nach H. Reim, Archäologische Ausgrabungen in Baden-Württemberg 1986, 116 Abb. 3.

Abb. 49. 56. 57: nach C. J. Kind, Das Felsställe. Forschungen und Berichte zur Vor- und Frühgeschichte in Baden-Württemberg 23, 1987, Abb. 4. 5. Tabelle 1.

Abb. 60: nach G. Albrecht, Magdalénien-Inventare vom Petersfels. Archaeologica Venatoria 22, 1979, Abb. 4.